SPEIT
中法卓越工程师培养工程

电子电路基础
（法文版）

上海交大–巴黎高科卓越工程师学院 组编

【法】马雅科
（Jean Aristide CAVAILLÈS）
钟圣怡 袁怡佳   主编
【法】 丰杰礼
（Thierry FINOT）
施奇伟

Électricité fondamentale circuits

上海交通大学出版社
SHANGHAI JIAO TONG UNIVERSITY PRESS

内容提要

本书为"中法卓越工程师培养工程"系列教材之一，由上海交大–巴黎高科卓越工程师学院教师根据多年教学和实践经验编写而成。全书共 4 章，主要内容为电子电路基本理论，包括电路基本概念、定律与分析方法，稳态线性电路和一阶动态电路响应等。全法语地向读者展示法国工程师预科基础阶段的物理教学。

本书可作为具有一定法语及物理基础的理工科学生的教科书，也可供相关教学人员阅读参考。

图书在版编目（CIP）数据

电子电路基础：法文/（法）马雅科等主编.—上海：上海交通大学出版社，2020（2023重印）
ISBN 978-7-313-23763-7

Ⅰ.①电… Ⅱ.①马… Ⅲ.①电子电路—高等学校—教材—法文 Ⅳ.①TN710

中国版本图书馆CIP数据核字（2020）第211478号

电子电路基础（法文版）
DIANZI DIANLU JICHU (FAWEN BAN)

主　　编：〔法〕马雅科　钟圣怡　袁怡佳　〔法〕丰杰礼　施奇伟
出版发行：上海交通大学出版社　　　　　　　　地　　址：上海市番禺路951号
邮政编码：200030　　　　　　　　　　　　　　电　　话：021-64071208
印　　制：江苏凤凰数码印务有限公司　　　　　经　　销：全国新华书店
开　　本：710mm×1000mm　1/16　　　　　　印　　张：7.5
字　　数：181千字
版　　次：2020年12月第1版　　　　　　　　　印　　次：2023年8月第3次印刷
书　　号：ISBN 978-7-313-23763-7
定　　价：48.00元

序　言

　　上海交大–巴黎高科卓越工程师学院(以下简称交大巴黎高科学院)创立于2012年,由上海交通大学与法国巴黎高科工程师学校集团(以下简称巴黎高科集团)为响应教育部提出的"卓越工程师教育培养计划"而合作创办的,旨在借鉴法国高等工程师学校的教育体系和先进理念,致力于培养符合当代社会发展需要的高水平工程师人才。法国高等工程师教育属于精英教育体系,具有规模小、专业化程度高、重视实习实践等特色。法国工程师学校实行多次严格的选拔,筛选优秀高中毕业生通过2年预科基础阶段进入工程师学校就读。此类学校通过教学紧密结合实际的全方位培养模式,使其毕业生具备精良的工程技术能力,优秀的实践、管理能力与宽广的国际视野、强烈的创新意识,为社会输送了大批实用型、专家型的人才,包括许多国家领导人、学者、企业高层管理人员。巴黎高科集团汇集了全法最富声誉的12所工程师学校。上海交通大学是我国历史最悠久、享誉海内外的高等学府之一,经过120余年的不断历练开拓,已然成为集"综合性、研究性、国际化"于一体的国内一流、国际知名大学。上海交大与巴黎高科集团强强联手,创立了独特的"预科基础阶段＋工程师阶段"人才培养计划,交大巴黎高科学院学制为"4年本科＋2.5年硕士研究生"。其中最初三年的"预科基础阶段"不分专业,课程以数学、计算机和物理、化学为主,目的是让学生具备扎实的数理化基础,构建全面完整的知识体系,具备独立思考和解决问题的实践能力等。预科基础教育阶段对于学生而言,是随后工程师专业阶段乃至日后整个职业生涯的基础,其重要性显而易见。

　　交大巴黎高科学院引进法国工程师预科教育阶段的大平台教学制度,即在基础教育阶段不分专业,强调打下坚实的数理基础。首先,学院注重系统性的学习,每周设有与理论课配套的习题课、实验课,加强知识巩固和实践。再者,学院注重跨学科及理论在现实生活中的应用。学院所有课程均由同一位教师或一个教学团队连贯地完成,这为实现跨学科教育奠定了关键性的基础。一些重要的数理课程会周期性地循环出现,且难度逐渐上升,帮助学生数往知来并学会触类旁通、举一反三。最后,学院注重系统性的考核方式,定期有口试、家庭作业和阶段考试,以便时时掌握学生的学习情况。

　　交大巴黎高科学院创办至今,已有将近8个年头,预科基础阶段也已经过9届学生的不断探索实践。学院积累了一定的教育培养经验,归纳、沉淀、推广这些办学经验都适逢其时。因此交大巴黎高科学院与上海交通大学出版社联合策划出版"中法卓越工程师培养工程"系列图书。

刘增路

2020年9月

于上海交通大学

Préambule

Ce livre accompagne la première partie du cours de physique *Électricité fondamentale —*
Circuits. L'objectif de ce cours est de présenter les notions fondamentales de physique
nécessaires à la compréhension du fonctionnement des circuits électriques et électroniques simples, de présenter les méthodes d'analyse de circuit et de commencer l'étude
des circuits en régimes lentement dépendant du temps (approximation des régimes quasi
stationnaires). Il s'agit également de présenter des connaissances et méthodes qui seront
illustrées au cours des séances de travaux pratiques.

Ce livre est structuré en quatre chapitres. Le premier présente les notions de base de
physique des circuits: charge électrique, intensité, potentiel électrique, ainsi que quelques
notions sur la conduction du courant électrique et la loi d'Ohm. Le second chapitre étudie
de façon générale les circuits en régime indépendant du temps. Les circuits sont analysés
en termes d'association de dipôles électrocinétiques; une attention particulière est portée
aux sources d'énergie utilisées dans les circuits et à leurs conditions optimales d'utilisation. Le troisième chapitre étudie le cas particulier fondamental des circuits linéaires et
leurs outils d'analyse spécifique. Nous étudions ensuite, dans le dernier chapitre, le cas
des régimes dépendant du temps, en nous restreignant au cas de la réponse indicielle des
circuits du premier ordre. Les circuits plus complexes et les régimes d'excitation plus gé-
néraux seront analysés en deuxième année.

Le livre est structuré en chapitres de longueurs comparables. En plus du texte pro-
prement dit, chaque chapitre comprend des questions dans le cours du texte. Il s'agit de
questions ou d'exercices en rapport direct avec le paragraphe dans lequel ils sont placés.
Le plus souvent, les réponses sont très simples, mais dans certains cas, ce sont des sujets
de réflexion un peu plus approfondie qui sont proposés. Ces questions plus délicates
seront indiquées par une étoile. Il s'agit seulement d'un *complément* aux cours qui seront donnés en classe. Sa connaissance détaillée ne sera pas exigible aux contrôles et
examens: seuls les sujets effectivement abordés en classe le seront. De plus, en fonction
de la progression de la classe, les cours ne reprendront pas nécessairement l'ordre de présentation de ce texte.

Un index est placé en fin de document, ainsi qu'une table des illustrations et un
glossaire français-chinois.

Remerciements

Nous tenons à remercier Arnaud MARTIN, WANG Jianfei (王建飞) pour leur aide précieuse dans la préparation de ces notes, plus particulièrement pour la constitution des glossaires et la réalisation de certaines figures.

Table des matières

Table des illustrations

1 CHARGE, COURANT ET POTENTIEL ÉLECTRIQUES

Dans ce chapitre, nous présentons les notions physiques de base nécessaires à la compréhension des circuits électriques et électroniques. La théorie de l'électromagnétisme que nous étudierons en seconde année permettra de justifier un grand nombre de résultats qui, pour l'instant, seront admis.

Après avoir rappelé les caractéristiques essentielles de la notion de charge électrique, nous mettons en place l'outil fondamental qui permet de décrire le transport de charges au sein d'un conducteur et d'en effectuer le bilan, c'est-à-dire la notion d'intensité du courant électrique. Le potentiel électrique, que nous présentons ensuite, permet d'analyser commodément les échanges d'énergie qui accompagnent le transport de charge. Nous terminons par l'étude des résistances électriques et de la conduction électrique dans divers matériaux.

1.1 Charge électrique

1.1.1 Unité et ordres de grandeurs

L'expérience montre qu'il est nécessaire d'associer à chaque particule une quantité, la ***charge électrique***[1], qui est une grandeur:

— scalaire (c'est-à-dire non vectorielle);
— algébrique (positive ou négative);
— additive (la charge électrique d'un système est la somme des charges électriques de ses constituants);
— exprimée en ***coulombs*** (symbole C).

Le coulomb n'est pas une unité fondamentale du Système international (SI), mais une unité dérivée:

$$1 \overset{def}{C = 1} A \times s$$

Donnons quelques ordres de grandeurs et valeurs à connaître.

— Charge d'un électron: $-1,6 \times 10^{-19}$ C. Charge d'un proton: $+1,6 \times 10^{-19}$ C.
— Charge transportée dans un éclair: ~ 10 C.

---

[1] Les propriétés énoncées dans ce paragraphe, qui peuvent sembler évidentes aujourd'hui, ont été établies par de nombreuses constatations expérimentales et considérations théoriques, développées sur quelques siècles.

— Charge électrique de la Terre: $\sim 4{\times}10^5$ C.

1.1.2 Charge élémentaire

La charge électrique est une **_grandeur quantifiée_**. Cela signifie que la charge électrique d'un système est toujours[1] un multiple entier (positif ou négatif) de la charge élémentaire, notée e.

La valeur numérique internationalement admise de la charge élémentaire est[2]:

$$e{=}1,602176565(35){\times}10^{-19} \text{ C}$$

La charge électrique de l'électron est $q_e{=}{-}e$, celle du proton est $q_p{=}{+}e$.

Dans les expériences macroscopiques, les variations de charges mises en jeu sont toujours beaucoup plus grandes que la charge élémentaire. On pourra donc en pratique raisonner comme si la charge d'un système macroscopique était une quantité réelle, pouvant varier continûment.

1.1.3 Conservation de la charge électrique

Un **_système fermé_** est un système qui ne peut échanger de matière avec l'extérieur. L'expérience montre la propriété suivante.

La charge électrique d'un système fermé est constante.

Si l'on constate que la charge d'un système macroscopique varie au cours du temps, cela implique nécessairement que le système n'est pas fermé et que des charges ont été échangées entre le système et l'extérieur.

Une autre façon de concevoir cette loi de conservation est d'énoncer qu'aucun processus physique ne s'accompagne de création ou d'annihilation de charge électrique. Dans les processus microscopiques de création ou d'annihilation de particules, l'apparition d'une charge est exactement compensée par la disparition d'une charge équivalente.

Il est impossible de créer de la charge électrique, mais il est possible de la transporter. Les paragraphes suivants sont consacrés aux outils descriptifs de ce phénomène de transport dans les conducteurs. Ces outils seront précisés au cours des semestres suivants lorsque nous étudierons en détail l'électromagnétisme. Nous nous contentons dans ce cours de préciser les notions essentielles à la compréhension des phénomènes électriques principaux ayant lieu dans les circuits.

---

[1] Signalons cependant que les quarks ont des charges fractionnaires de $\pm e/3$ et $\pm 2e/3$, mais ils ne sont jamais isolés.

[2] Cette notation signifie: $e{=}(1,602176565{\pm}0,000000035){\times}10^{-19}$ C.

1.2 Courant électrique — Intensité

1.2.1 Milieux conducteurs

Un milieu matériel est dit ***conducteur*** si des particules[1] chargées électriquement peuvent s'y déplacer «à grande distance[2]». On trouve des milieux conducteurs dans tous les états de la matière, solide, liquide ou gazeux.

— Conducteurs solides: métaux, semi-conducteurs.
— Conducteurs liquides: métaux liquides (mercure, sodium fondu ...), électrolytes (solutions ioniques).
— Conducteurs gazeux: plasma (gaz ionisé).

Dans ce cours, nous allons nous restreindre au cas de conducteurs solides. Le cas le plus fréquent est celui de conducteurs métalliques, dans lequel ce sont les électrons qui, en se déplaçant, assurent le transport de charge électrique.

1.2.2 Intensité du courant

1.2.2.1 Définition

L'***intensité*** d'un courant électrique est une grandeur de bilan: elle exprime la charge algébrique totale qui traverse une surface donnée, dans un sens choisi arbitrairement, pendant un temps donné. La situation est schématisée sur la **Figure 1–1**.

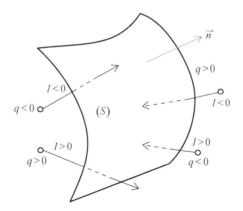

Figure 1–1   Mouvement des charges et intensité

Soit une surface orientable (S). Le sens positif du courant est défini par un vecteur unitaire local $\vec{n}$.

---

[1]   À prendre au sens large de «élément microscopique»: ion atomique ou moléculaire, électrons, protons, ...
[2]   C'est-à-dire sur des distances grandes devant la distance interatomique typique du milieu.

> L'intensité du courant à travers (*S*) est la charge algébrique qui traverse
> la surface (*S*) dans le sens de $\vec{n}$ *par unité de temps.*

Pour définir une intensité sans ambigüité, il faut donc opérer deux *choix*: celui de la surface de référence et celui d'un sens positif *arbitraire* pour l'intensité.

Selon leur signe et leur sens de déplacement, les charges peuvent contribuer à l'intensité de quatre façons possibles (voir **Figure 1–1**):

— une charge positive qui traverse la surface dans le sens des intensités positives contribue à une intensité positive;
— une charge négative qui traverse la surface dans le sens des intensités positives contribue à une intensité négative;
— une charge positive qui traverse la surface dans le sens opposé à celui des intensités positives contribue à une intensité négative;
— une charge négative qui traverse la surface dans le sens opposé à celui des intensités positives contribue à une intensité positive.

1.2.2.2   Unité et ordres de grandeur

L'unité d'intensité est l'*ampère* (A), qui est une des unités fondamentales du Système international.

Donnons quelques ordres de grandeur.

— Intensité dans un circuit électrique de laboratoire: jusqu'à quelques dizaines de milliampères.
— Intensité dans un éclair: $\sim 10^4$ à 10^5 A.
— Intensité dans une ligne haute tension de 1 cm^2 de section: ~ 80 A.

Question 1–1:

*Quelle est l'intensité du courant associé à un électron de l'atome d'hydrogène? (En ordre de grandeur, la période de rotation de l'électron autour du noyau est de l'ordre de 10^{-16} s.)

1.2.2.3   Mesure d'intensité

La mesure d'intensité dans un circuit s'effectue à l'aide d'un *ampèremètre*. L'ampèremètre se branche en série le long du fil, de façon à être traversé par le même courant que le fil.

L'utilisation d'un ampèremètre oblige donc à couper (momentanément) le circuit pour l'y introduire. On sait mesurer couramment des intensités allant du picoampère (pA) à plusieurs centaines d'ampères.

Les ampèremètres courants du laboratoire (multimètres sur la position ampèremètre) peuvent mesurer des courants allant du microampère (µA) à la dizaine d'ampères.

1.2.3   Intensité à travers une surface fermée

Envisageons une surface fermée (Σ) (c'est-à-dire une surface géométrique qui délimite un volume intérieur), orientée vers l'extérieur, à l'aide d'un vecteur unitaire normal local $\vec{n}_{\text{ext}}$ (voir **Figure 1–2**). Nous notons $I_{\text{sortant, }(\Sigma)}$ l'intensité du courant électrique à travers la surface (Σ).

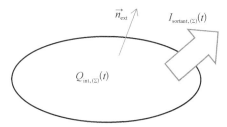

Figure 1–2   Intensité à travers une surface

La charge totale contenue à l'intérieur de la surface (Σ) est en général une fonction du temps. Nous la notons $Q_{\text{int, }(\Sigma)}(t)$. Pendant une durée infinitésimale $\mathrm{d}t$, la charge qui sort de la surface (Σ) est par définition:

$$\mathrm{d}Q_{\text{sortant, }(\Sigma)} = I_{\text{sortant, }(\Sigma)} \times \mathrm{d}t.$$

Pendant le même temps, la charge intérieure à (Σ) varie de

$$\mathrm{d}Q_{\text{int, }(\Sigma)} = \frac{\mathrm{d}Q_{\text{int, }(\Sigma)}}{\mathrm{d}t} \times \mathrm{d}t.$$

La charge électrique étant une grandeur conservée, la seule cause de variation de la charge intérieure à (Σ) est le *transport* des charges à travers la surface (Σ). On a donc

$$\mathrm{d}Q_{\text{int, }(\Sigma)} = -\,\mathrm{d}Q_{\text{sortant, }(\Sigma)}.$$

Finalement, la conservation de la charge permet d'écrire la relation non évidente:

$$\boxed{I_{\text{sortant, }(\Sigma)} = -\frac{\mathrm{d}Q_{\text{int, }(\Sigma)}}{\mathrm{d}t}.}$$

1.2.4   Vitesse de transport des charges et intensité

1.2.4.1   *Faisceau homocinétique de charges*

Un faisceau ***homocinétique*** de charges est, par définition, constitué de particules qui se déplacent toutes à la même vitesse.

Nous considérons un faisceau homocinétique comprenant n particules par unité de volume se déplaçant avec la même vitesse $\vec{v}$ constante. La section de ce faisceau,

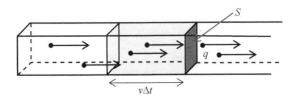

Figure 1–3   Faisceau homocinétique

perpendiculairement à la vitesse, est notée S (voir **Figure 1–3**). Chaque particule porte une charge q.

Les charges qui traversent la surface S pendant l'intervalle de temps $[t, t+\Delta t]$ sont comprises dans un volume cylindrique de section S (voir **Figure 1–3**) et de hauteur $v\Delta t$: il y en a donc $n \times S \times v \Delta t$ dans ce volume, correspondant à la charge ΔQ ayant pour expression:

$$\Delta Q = q \times n \times v \times S \times \Delta t.$$

L'intensité correspondante est donc $I = \dfrac{\Delta Q}{\Delta t}$, soit:

$$\boxed{I = q \times n \times v \times S}.$$

On appelle ***densité de courant*** la quantité:

$$\boxed{j \overset{def}{=} \frac{I}{S} = nqv}.$$

Elle joue un rôle essentiel en électromagnétisme: cela sera étudié en deuxième année.

1.2.4.2   Mouvement réel des charges dans un conducteur

En réalité, dans un conducteur, les porteurs de charge ne sont pas du tout dans les conditions d'un faisceau homocinétique. La situation est schématisée sur la **Figure 1–4**. Chaque atome du métal garde une position fixe et s'ionise en libérant un ou plusieurs électrons, qui peuvent se déplacer quasi librement dans le volume du métal. Les électrons se comportent de façon analogue aux molécules d'un gaz. L'ordre de grandeur de la vitesse de déplacement associée au mouvement thermique est:

$$v_{th} \cong \sqrt{\frac{3k_B T}{m_e}}$$

où m_e est la masse des électrons, T la température et k_B la constante de Boltzmann. À température ambiante on a une vitesse d'agitation thermique des électrons de l'ordre de: $v_{th} \sim 10^5 \, \text{m} \cdot \text{s}^{-1}$.

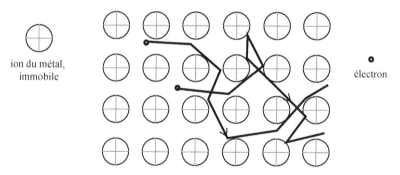

Figure 1–4   Déplacement des charges dans un conducteur

Dans un conducteur à l'équilibre, toutes les directions de vitesses sont équiprobables, ce qui fait que la vitesse moyenne vectorielle est nulle.

Dans un conducteur qui est le siège d'un courant électrique, toutes les directions ne sont pas équiprobables. Il existe une direction privilégiée dans laquelle se déplacent, en moyenne, les électrons. Ce déplacement moyen correspond à une vitesse dite *vitesse de dérive*, notée v_d, qui est la vitesse que l'on doit prendre en compte dans le calcul de l'intensité.

Nous retenons la relation, qui s'applique au cas des porteurs dans un conducteur

$$I = n \times q \times v_d \times S$$

où v_d est la vitesse moyenne de dérive.

La vitesse de dérive des électrons est dans la plupart des cas plus faible que 1 mm · s^{-1}, c'est-à-dire que l'on a $\dfrac{v_d}{v_{th}} < 10^{-8}$! La répartition des vitesses est donc très faiblement anisotrope dans les conditions habituelles.

1.3   Régimes permanents et quasi permanents

1.3.1   Intensité à travers une surface fermée

Un circuit est dit en *régime permanent* quand la charge contenue à l'intérieur de n'importe quelle surface fermée est constante. Par conséquent, *quelle que soit la surface fermée* (Σ), la quantité $Q_{int, (\Sigma)}(t)$ est une constante et donc:

$$\frac{dQ_{int, (\Sigma)}}{dt} = 0.$$

On en déduit la propriété suivante.

En régime permanent, pour toute surface *fermée* (Σ) : $I_{\text{sortant, }(\Sigma)} = 0$.

1.3.2   Intensité dans un fil en régime permanent

Un *fil* électrique est un conducteur solide (souvent en cuivre) de forme allongée: une des dimensions est beaucoup plus grande que les deux autres. Les charges se déplacent le long du fil mais ne peuvent pas en sortir. Un exemple est représenté sur la **Figure 1–5**.

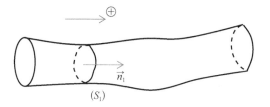

Figure 1–5   Fil électrique

1.3.2.1   Définition: intensité transportée par un fil

L'***intensité transportée*** par le fil dans un sens donné est par définition égale à l'intensité à travers une *section* du fil, orientée dans le sens choisi. Par exemple, sur la **Figure 1–5**, l'intensité transportée par le fil est l'intensité qui traverse la section (S_1) du fil, orientée par le vecteur $\vec{n_1}$.

Il est remarquable qu'en régime permanent l'intensité transportée par un fil est indépendante de la section choisie pour l'évaluer.

Question 1–2:

*Démontrer cette affirmation en utilisant le résultat du 1.3.1, appliqué à une surface fermée bien choisie.

1.3.2.2   Conséquence: représentation symbolique d'un fil

On déduit de ce qui précède que l'intensité transportée par un fil est la même à travers n'importe quelle section de ce fil. On peut donc représenter symboliquement un fil comme une ligne continue, parcourue en chacun de ses points par la même intensité, comme sur la **Figure 1–6**.

Figure 1–6   Représentation d'un fil électrique

1.3.3   La loi des nœuds

La ***loi des nœuds*** découle de la conservation de la charge, exprimée en régime permanent.

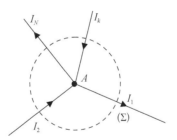

Figure 1–7   Loi des nœuds

Considérons un système constitué par N fils conducteurs se rejoignant en un point A (appelé **nœud**). Appelons $Q(t)$ la charge électrique contenue dans le volume délimité par une surface (Σ) contenant le nœud (voir **Figure 1–7**). Par définition de l'intensité, et par conservation de la charge on a:

$$\frac{\mathrm{d}Q}{\mathrm{d}t} = \sum_{k=1\cdots N} \varepsilon_k I_k$$

avec $\varepsilon_k=1$ si l'intensité I_k est orientée vers le nœud ou $\varepsilon_k=-1$ dans le cas contraire. En régime permanent, $\dfrac{\mathrm{d}Q}{\mathrm{d}t} = 0$ donc:

$$\boxed{\sum_{k=1\cdots N} \varepsilon_k I_k = 0 \ (\text{loi des nœuds})}.$$

Question 1–3:

> Démontrer qu'en régime permanent, un circuit électrique est nécessairement fermé sur lui-même.

1.3.4 L'approximation des régimes quasi permanents

En toute rigueur, les lois précédentes (intensité uniforme le long d'un fil et loi des nœuds) ne sont valables que lorsque les conducteurs sont en régime permanent, c'est-à-dire que les charges et les intensités ne doivent pas dépendre du temps.

Cependant, ces lois restent valables avec un très bon degré d'approximation dans les cas où les variations temporelles des grandeurs ne sont pas trop rapides. On dit alors que l'on se place dans l'***approximation des régimes quasi permanents (ARQP)***, appelée aussi ***approximation des régimes quasi stationnaires (ARQS)***.

On montre en électromagnétisme que les lois des régimes permanents peuvent être appliquées tant que le temps caractéristique T d'évolution des grandeurs électriques et la dimension L caractéristique du circuit vérifient la relation:

$$\boxed{L \ll c \times T}$$

où c est la vitesse de la lumière dans le vide.

Nous admettons la validité de ce critère sans chercher à le justifier.

Au laboratoire, nous utilisons des circuits dont les dimensions sont de l'ordre de 10 cm. Pour que l'approximation des régimes permanents soit valable, il faut que le temps caractéristique d'évolution vérifie $T \gg L/c \sim 3 \times 10^{-10}$ s. Cette condition est vérifiée tant que la fréquence $f = \dfrac{1}{T}$ du signal vérifie: $f \ll 3 \times 10^{9}$ Hz. Cette condition sera toujours remplie dans les cas pratiques que nous rencontrerons cette année.

1.4   Potentiel électrique

1.4.1   Différence de potentiel

1.4.1.1   Définition

Lorsque, dans un conducteur, une charge q se déplace d'un point A vers un point B, la force électrique fournit un travail W_{AB}. L'expérience prouve que dans les situations stationnaires ou quasi stationnaires, ce travail est indépendant du chemin suivi par la charge entre A et B.

On appelle *différence de potentiel* entre A et B la quantité

$$u_{AB} \overset{def}{=} -\frac{W_{AB}}{q}.$$

La différence de potentiel entre deux points est aussi appelée couramment *tension*.

1.4.1.2   Unité et ordres de grandeur

L'unité de différence de potentiel est le *volt* (V).

Remarques
  — Une différence de potentiel est un travail par unité de charge.
  — L'*électron-volt* (eV) est une unité d'énergie: c'est le travail fourni par la force électrique pour faire franchir à un électron une différence de potentiel de 1 V.

Ordres de grandeur
  — Installation domestique: 110 V ou 230 V presque partout dans le monde.
  — Circuits logiques et électroniques: 5 V.
  — Téléphone filaire: quelques 10 V.
  — Ligne haute tension: jusqu'à 1 MV.

1.4.2   Potentiel électrique — Masse

1.4.2.1   Potentiel électrique

Comme u_{AB} ne dépend que des points A et B, on peut choisir un point du métal, par exemple le point O, et définir en n'importe quel point P la grandeur:

$$V_P \stackrel{def}{=} u_{OP}.$$

La quantité V_P est appelée ***potentiel électrique*** au point P, avec ***origine des potentiels*** en O.

En pratique, pour simplifier, on parle souvent simplement du potentiel électrique en P, sans préciser l'origine des potentiels. Mais en toute rigueur, cette notion n'a pas de sens.

Seule la différence de potentiel entre deux points est une grandeur physique mesurable.

Quelle que soit l'origine choisie pour les potentiels, on a toujours:

Question 1–4:

Démontrer ce résultat.

$$u_{AB} = V_B - V_A.$$

Dans un circuit électrique, il est d'usage de particulariser un point, appelé ***masse***, comme origine arbitraire des potentiels. Le potentiel en ce point et en tout point directement relié est alors nul.

On repère la masse d'un circuit par le symbole conventionnel: ⏚ ou ⏚

1.4.2.2   Une référence de potentiel commode: la terre

La terre conduit le courant électrique. Avec une très bonne approximation, la différence de potentiel entre deux points quelconques du sol est très faible (sauf évènement exceptionnel et local, comme un éclair). Pour des raisons de sécurité sur lesquelles nous reviendrons, certains appareils ont leur châssis relié au sol: on dit alors que l'appareil est

«mis à la terre». Cette connexion est représentée par le symbole conventionnel: ⏚

On choisit alors cette connexion à la terre comme *masse* du circuit, c'est-à-dire comme origine des potentiels (ou point de potentiel nul). Dans un circuit où plusieurs appareils sont mis à la terre, ces appareils ont donc *tous une borne commune*: ce point sera important lorsqu'on réalisera des montages au laboratoire.

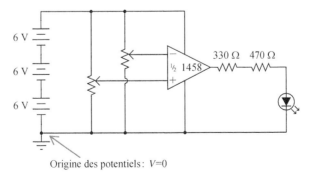

Origine des potentiels: $V=0$

Figure 1–8   Exemple de circuit avec masse à la terre

Lorsqu'un appareil n'est pas mis à la terre, on dit qu'il est en ***masse flottante***. La **Figure 1–8** montre un exemple de circuit avec mise à la terre.

1.5   Résistance électrique

1.5.1   Loi d'Ohm

1.5.1.1   Résistance et conductance

Considérons la situation générale dans laquelle on transporte un courant d'intensité I constante à travers un bloc de matériau conducteur (voir notations sur la **Figure 1–9**). On constate *expérimentalement* que pour la très grande majorité des matériaux, la différence de potentiel V_A-V_B est donnée par la ***loi d'Ohm***:

$$V_A - V_B = R \times I_{A \to B}$$

où R est la ***résistance électrique,*** ou plus simplement résistance, entre les points A et B.

Figure 1–9   Loi d'Ohm dans le cas général

La résistance ne dépend que de la nature du conducteur, de sa forme et des conditions physiques, notamment de la température. C'est un nombre positif ou nul qui s'exprime en ***ohms*** (Ω).

Remarques
— Il faut noter le caractère algébrique de la relation: si $I_{A \to B} > 0$, alors $V_A-V_B > 0$. Le potentiel électrique diminue dans le sens du courant. On parle ainsi de la ***chute de potentiel*** aux bornes de la résistance.
— Les matériaux pour lesquels cette loi est valable sont dits ***ohmiques***. Ils constituent la quasi-totalité des métaux en dehors de conditions extrêmes d'utilisation.
— La loi reste valable dans le cas où l'intensité dépend du temps, dans des conditions qui seront précisées dans le cours de deuxième année.

On définit également la ***conductance*** G du système comme l'inverse de la résistance:

$$G \overset{def}{=} \frac{1}{R}.$$

La conductance s'exprime en Ω^{-1}, aussi appelé ***siemens*** (S).

1.5.1.2   Conducteur unidimensionnel

Nous considérons une portion d'un conducteur cylindrique, de longueur L et de section constante S (voir **Figure 1–10**).

On montre (voir cours de deuxième année) que la résistance entre les sections A et B du conducteur est donnée par la relation:

$$R = \rho\,\frac{L}{S}$$

où ρ est un paramètre positif, appelé **résistivité** du conducteur, dépendant essentiellement de la nature du matériau et des conditions physiques d'utilisation (température surtout). Le paramètre ρ s'exprime en **ohms-mètres** ($\Omega \cdot$ m).

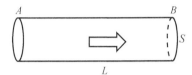

Figure 1–10   Fil cylindrique

Question 1–5:

La résistivité du cuivre à température ambiante est de l'ordre de $1,7 \times 10^{-8}$ $\Omega \cdot$ m. Quelle est la résistance d'un fil électrique de rayon de $0,2$ mm et de longueur 1 m?

Remarque

Les fils électriques utilisés au laboratoire ont une section suffisamment grande pour que leur résistance (de l'ordre de $0,1$ à 1 Ω/m) soit négligeable. On peut donc en général négliger cette résistance et considérer que le potentiel électrique est le même dans tous les points du fil.

1.5.2   Résistivité — Conductivité

1.5.2.1   Définitions

La **conductivité** d'un conducteur ohmique est l'inverse de la résistivité, elle est notée:

$$\gamma \overset{def}{=} \frac{1}{\rho}$$

et s'exprime en $\Omega^{-1} \cdot$ m^{-1} ou S $\cdot$ m^{-1} (siemens par mètre).

La conductivité est extrêmement variable d'un matériau à l'autre. Les bons conducteurs ont une conductivité très élevée, les très mauvais conducteurs, ou **isolants**, ont des conductivités extrêmement faibles. Il y a un rapport de plus de 20 ordres de grandeurs (10^{20}) entre les conductivités des bons conducteurs et celle des isolants. Peu de paramètres physiques subissent des variations aussi marquées d'un corps à un autre.

Donnons quelques ordres de grandeur.

— Les bons conducteurs (métaux) ont, à température ambiante, des conductivités de l'ordre de $10^7-10^8\,\Omega^{-1}\cdot m^{-1}$ (le meilleur étant l'argent, suivi du cuivre).

— Un conducteur médiocre, comme le carbone graphite, a une conductivité de l'ordre de $10^4\Omega^{-1}\cdot m^{-1}$ à température ambiante.

— Les **semi-conducteurs** (dont le silicium) ont, lorsqu'ils sont très purs, des conductivités de l'ordre de $10^{-1}\,\Omega^{-1}\cdot m^{-1}$.

— Les très bons isolants (verre) ont des conductivités aussi faibles que $10^{-12}\,\Omega^{-1}\cdot m^{-1}$.

La très grande variabilité de ρ est longtemps restée un mystère: on n'a vraiment compris ce qui distingue les conducteurs des isolants qu'avec la physique quantique.

1.5.2.2 Influence de la température

La **Figure 1-11** représente les variations de conductivité en fonction de la température (en échelles logarithmiques) pour différents composés. On doit retenir les points suivants.

— Pour les métaux, bons conducteurs, la conductivité diminue quand la température augmente.

— Pour les semi-conducteurs et les isolants, la conductivité augmente avec la

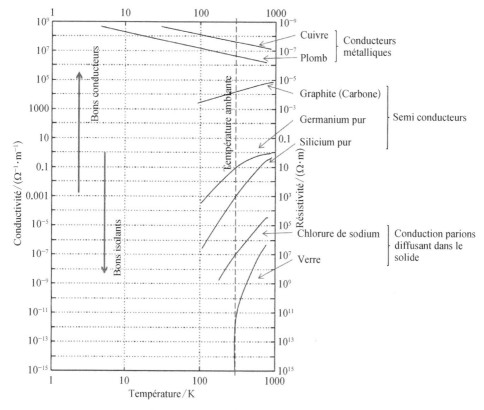

Figure 1-11   Conductivité et température

température. Les variations sont plus marquées que pour les métaux.

Ces variations de résistivité des semi-conducteurs avec la température sont bien connues et calibrées, elles peuvent être utilisées pour effectuer des mesures de température (***thermistances***).

1.5.2.3 Supraconductivité

La conductivité de certains composés devient infinie (et leur résistivité exactement nulle) à basse température. De tels composés sont dits **supraconducteurs**.

La **supraconductivité** est une propriété très recherchée, notamment pour le transport de l'énergie, car la dissipation d'énergie par effet Joule (que nous verrons plus loin) est alors absente. Malheureusement, on ne connaît pas aujourd'hui composé qui soit supraconducteur à température ambiante. Les supraconducteurs à «haute température», qui ont cette propriété aux températures les plus élevées, ne le sont qu'en dessous d'une centaine de kelvins, c'est-à-dire à des températures inférieures à $-170\,°C$.

La recherche de matériaux devenant supraconducteurs à des températures plus élevées est, encore aujourd'hui, très active.

1.5.3 Effet Joule dans un conducteur ohmique

1.5.3.1 Puissance reçue par le conducteur

Par définition du potentiel électrique, lorsqu'une charge q passe du point A au point B du conducteur, la force électrique exerce un travail:

$$W_{AB}=-q(V_B-V_A).$$

Pendant un temps Δt, la charge $Q=I\times\Delta t$ passe de A vers B. La force électrique fournit donc un travail $W_{AB}=-I\times\Delta t\times(V_B-V_A)$. Mais $V_B-V_A=-RI$. On aura donc:

$$W_{AB}=RI^2\Delta t.$$

La **puissance fournie aux charges** qui passent de A à B, notée P_J, est donc égale à:

$$\boxed{P_J=RI^2}.$$

Cette puissance est parfois appelée **puissance Joule**.

1.5.3.2 Puissance thermique fournie par le conducteur à l'extérieur

En régime permanent, l'énergie contenue dans le conducteur ne peut pas varier. Par conséquent, toute la puissance reçue entre A et B doit être transférée vers l'extérieur. Elle l'est sous forme de chaleur: c'est l'***effet Joule***.

En régime permanent, une résistance électrique fournit à l'extérieur la puissance thermique $P_J=RI^2$.

Cette puissance thermique est utilisée dans les appareils de chauffage électrique (radiateurs électriques, plaques chauffantes, fers à repasser ...). Mais la plupart du temps, elle constitue une perte d'énergie associée au transport d'électricité: on cherche alors à la minimiser.

Exercices 1

Exercice 1–1: Charge transportée
Un fil d'or de section carrée (1, 0 mm×1, 0 mm) transporte un courant d'électrons avec une densité de courant (I/S) égale à 1, 0 MA·m^{-2}.
  1. Combien de temps faudra-t-il pour que 1, 0 mol d'électrons traverse une section du fil?

Exercice 1–2: Courant dans un accélérateur de particules
Un accélérateur de particules contient deux faisceaux parallèles dans deux directions opposées. L'un d'eux est un faisceau de protons (charge $+e$) l'autre est un faisceau d'antiprotons (charge $-e$). Chaque faisceau transporte 1, 0×10^{14} particules par seconde.
  1. Quel est l'intensité du courant transporté par l'ensemble des deux faisceaux?

Exercice 1–3: Charge d'une batterie
  1. Sur une batterie on lit l'indication: «10 A·h», où h est le symbole de l'heure. Quelle information peut-on tirer de ce nombre?

Exercice 1–4: Constitution d'un câble électrique
Pour plus de flexibilité, les câbles électriques sont constitués de brins très fins placés en parallèle. Un câble de cuivre est fait de 10 fils fins qui ont chacun une résistance de 2, 0 mΩ. Nous considérons une expérience où le câble transporte une intensité totale de 0, 12 A.
  1. Quelle est la différence de potentiel aux bornes du câble?
  2. Quelle est la puissance dissipée dans chaque fil?

Exercice 1–5: Résistance d'un fil étiré
Un fil d'or de résistance R est allongé sans variation de volume à deux fois sa longueur.
  1. Quelle est la résistance du fil après allongement?

Exercice 1–6: Boule conductrice exposée à un flux d'électrons
Une boule conductrice de rayon a est reliée à la terre par une résistance R. Un faisceau homocinétique, contenant n_e électrons par unité de volume, vient de l'infini et s'approche de la boule à la vitesse v.

On indique que le potentiel d'une sphère conductrice de rayon a portant une charge Q est $V = \dfrac{Q}{4\pi\varepsilon_0 a}$ par rapport à la terre (ε_0 est une constante universelle).

  1. Déterminer la charge limite de la boule. On admettra que le faisceau de particules reste homocinétique.

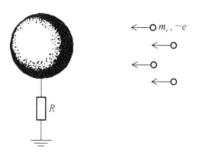

Figure de l'Exercice 1–6

2. Déterminer la puissance dissipée dans la résistance en régime permanent.

Exercice 1–7: Section d'un câble
Pour faire démarrer un véhicule dont la batterie est déchargée, on utilise deux câbles en cuivre (resistivité 1, $7{\times}10^{-8}$ $\Omega{\cdot}$m) de longueur totale $L=2$ m et de section $S=10$ mm², reliés à la batterie 12 V d'un deuxième véhicule. Le démarreur nécessite une tension de 11 V pour fonctionner.
   1. Calculer la tension disponible au niveau d'un démarreur de voiture essence nécessitant 100 A, et de celui d'une voiture diesel nécessitant 250 A.

Exercice 1–8: Ordres de grandeur en conduction
Un ruban d'argent, de section rectangulaire (largeur $I=12,5$ mm et épaisseur $a=$ 0,20 mm), est parcouru suivant sa longueur par un courant constant d'intensité $i=10,0$ A.
   Données: charge élémentaire $e=1,6{\times}10^{-19}$ C; conductivité de l'argent $\gamma=6,7{\times}10^{7}$ $\Omega^{-1}{\cdot}$m^{-1}; masse volumique de l'argent $\rho=10,5$ g${\cdot}$cm^{-3}; nombre d'Avogadro $N_{A}=$ 6, 02$\times10^{23}$ mol^{-1}; masse molaire atomique de l'argent $M=108$ g${\cdot}$mol^{-1}.
   1. À l'état métallique, on peut considérer que chaque atome d'argent s'ionise une fois pour donner un électron de conduction. Calculer la densité volumique de porteurs libres dans l'argent.
   2. En déduire la vitesse moyenne de dérive des électrons dans le métal.
   3. Calculer la puissance dissipée dans le métal par effet Joule (pour une longueur de 1, 0 cm) ainsi que la puissance *volumique* dissipée (puissance dissipée par unité de volume).

2 CIRCUITS EN RÉGIME PERMANENT

Nous étudions les circuits, résultant de l'association de dipôles, en régime indépendant du temps. L'analyse de circuit consiste à déterminer l'intensité qui circule dans chaque dipôle et la tension électrique à laquelle il est soumis. Ce chapitre présente les outils qui permettent cette analyse.

Tous les circuits électriques sont connectés à une source d'énergie. Nous présentons les différentes sources dans la deuxième partie et analysons leurs conditions d'emploi optimales.

Enfin, nous énonçons les lois générales de Kirchhoff, valables pour tout circuit en régime permanent ou quasi permanent. Ces lois sont appliquées pour déterminer le point de fonctionnement d'un circuit.

2.1 Dipôles et circuits

2.1.1 Définitions

Un *dipôle électrocinétique* est un système à deux *bornes* (c'est-à-dire deux fils permettant l'arrivée et le départ du courant électrique), dont l'état est caractérisé par l'intensité du courant qui le traverse et la différence de potentiel entre ses bornes.

En associant des dipôles comme représenté sur la **Figure 2–1**, on peut réaliser des *circuits* de complexité arbitraire. Les circuits les plus complexes sont parfois appelés *réseaux*.

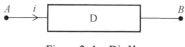

Figure 2–1   Dipôle

Rappelons qu'on appelle *nœud* le point de rencontre de plusieurs fils conducteurs (généralement on réserve ce nom au cas où plus de deux fils se rejoignent: s'il y en a seulement deux, on est en fait en présence d'un fil unique!).

Une *branche* est une partie de circuit comprise entre deux nœuds voisins: il n'y a donc pas de nœud sur une branche à part ses extrémités.

On appelle *maille*, ou boucle, tout chemin fermé (aboutissant au point de départ), orienté, sur le circuit, dans lequel chaque dipôle est compté une seule fois (cette condition n'est pas indispensable à la suite, mais elle simplifie l'analyse).

La **Figure 2–2** représente un exemple de circuit complexe résultant de l'association de dipôles, représentés par des rectangles. Ces dipôles peuvent être quelconques (et être eux-mêmes constitués de sous-circuits plus ou moins complexes).

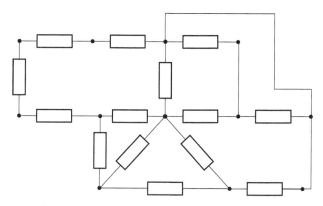

Figure 2–2   Circuit électrique (ou réseau de dipôles)

Question 2–1:

Compter le nombre de nœuds et le nombre de branches dans la **Figure 2–2**.

2.1.2   Conventions d'orientation

Considérons un dipôle AB : pour étudier son fonctionnement, on lui associe les grandeurs u (tension entre ses bornes) et i (intensité du courant qui le traverse). L'intensité du courant est définie par rapport à une orientation arbitraire, il est donc indispensable de la préciser lorsque l'on décrit un dipôle: choisissons par exemple l'orientation du courant i de A vers B (voir **Figure 2–3**). Pour définir u, il y a alors deux conventions possibles, schématisées ci-dessous.

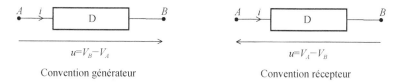

Figure 2–3   Conventions de définition de la tension

En **convention générateur**, la tension u est définie par $u=V_B-V_A$: elle est représentée par une flèche de *même sens* que celle de l'intensité.

En **convention récepteur**, la tension u est définie par $u=V_A-V_B$: elle est représentée par une flèche de *sens contraire* à celle de l'intensité.

2.1.3   Échanges d'énergie d'un dipôle

2.1.3.1   *Puissance reçue par un dipôle*

Un dipôle AB, parcouru par une intensité i_{AB} (orientée de A vers B) reçoit pendant Δt une charge $Q=i_{AB}\Delta t$ par la borne A et perd la même charge par la borne B. Par définition de la différence de potentiel, le dipôle reçoit une énergie $W=i_{AB}\times(V_A-V_B)\Delta t$, ce qui correspond à une puissance **reçue**:

$$P_{reçue}=i_{AB}\times(V_A-V_B).$$

Cette puissance peut être négative. Dans ce cas, le dipôle fournit de l'énergie électrique à l'extérieur. On aura donc deux situations:

$$P_{reçue} > 0, \text{ le dipôle est un } \textbf{\textit{récepteur}}$$;

$$P_{reçue} < 0, \text{ le dipôle est un } \textbf{\textit{générateur}}$$.

2.1.3.2 Conventions d'orientation et puissance

En convention récepteur, on a $u=V_A-V_B$ et $i=I_{AB}$, la puissance *reçue* sera donc

$$P_{reçue}=u\times i.$$

En convention générateur, on a $u=V_B-V_A$ et $i=I_{AB}$, la puissance *reçue* sera donc

$$P_{reçue}=-u\times i$$

alors que la puissance *fournie* sera simplement $P_{fournie}=-P_{reçue}=u\times i$.

Sur la **Figure 2–4**, on a représenté graphiquement, dans le plan (u, i) pour chaque convention, les zones correspondant aux comportements récepteur et générateur.

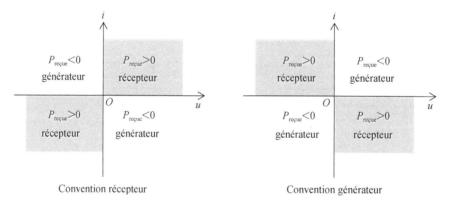

Figure 2–4   Plan (u, i) et échanges d'énergie

2.1.4   Caractéristique courant-tension d'un dipôle

2.1.4.1   Notion générale de caractéristique courant-tension

Un état de fonctionnement d'un dipôle est défini par tension u à ses bornes et l'intensité i qui le traverse. Il est commode de représenter graphiquement un état de fonctionnement par un point du plan de coordonnées (i, u). L'ensemble des points correspondant à tous les états de fonctionnement du dipôle forme une courbe que l'on appelle *courbe caractéristique courant-tension* du dipôle, ou plus simplement **caractéristique courant-tension** (en abrégé **caractéristique i-u**). Les propriétés d'un dipôle *en régime permanent* sont entièrement déterminées par sa caractéristique i-u, dans la convention d'orientation choisie.

Les caractéristiques les plus simples sont les suivantes.

— Pour un fil sans résistance: $u=0$, quelle que soit i. On appelle aussi ce dipôle un **court-circuit**.

— Pour un interrupteur ouvert: $i=0$, quelle que soit u. On appelle aussi ce dipôle un **coupe-circuit**.

Il peut arriver qu'une caractéristique i-u présente plusieurs valeurs de i pour une même valeur de u ou vice-versa. La caractéristique n'est alors pas décrite par une fonction $i(u)$ ou $u(i)$ simple. Nous en verrons des exemples.

2.1.4.2   *Dipôles linéaires et non linéaires*

Les **dipôles linéaires** sont ceux pour lesquels la caractéristique i-u est une droite, associée à une simple relation affine:

$$i=\alpha u+\beta$$

où α et β sont des constantes.

Tous les autres dipôles sont **non linéaires**.

Il arrive fréquemment qu'un dipôle ne puisse être considéré comme linéaire que dans un intervalle restreint de tension ou de courant.

Le dipôle linéaire le plus simple est le dipôle ohmique de résistance R, qui vérifie:

$$u=Ri \text{ (en convention récepteur).}$$

2.1.5   Association de dipôles

2.1.5.1   *Association en série*

Deux dipôles sont associés **en série** s'ils sont dans la même branche.

Deux dipôles en série sont parcourus par le même courant.

Deux dipôles associés en série forment un nouveau dipôle dont la caractéristique peut être déterminée graphiquement comme indiqué sur la **Figure 2–5**. Le dipôle équivalent est parcouru par le même courant d'intensité i et la tension u aux bornes est la somme des deux tensions:

$$u=u_1+u_2$$

d'où la construction graphique de la **Figure 2–5**, permettant de déterminer la caractéristique du dipôle équivalent.

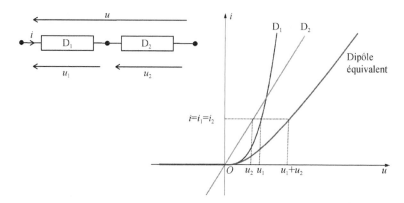

Figure 2–5   Association de dipôles en série

2.1.5.2   *Association en parallèle (ou en dérivation)*

> Deux dipôles sont associés *en parallèle* (ou *en dérivation*) s'ils sont connectés aux deux mêmes nœuds.

> Les bornes de deux dipôles en parallèle ont les mêmes potentiels deux à deux.

Deux dipôles associés en parallèle forment un nouveau dipôle dont la caractéristique peut être déterminée graphiquement comme indiqué sur la **Figure 2–6**. Le dipôle équivalent possède la même tension u aux bornes que les deux dipôles et l'intensité i qui le parcourt est la somme des intensités qui parcourent chacun des deux autres dipôles:

$$i = i_1 + i_2$$

d'où la construction graphique de la **Figure 2–6**.

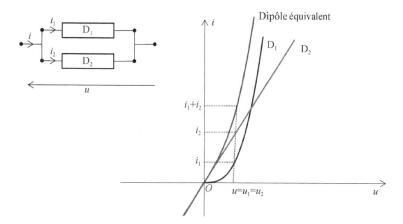

Figure 2–6   Association de dipôles en parallèle

2.1.6   Résistances et associations

2.1.6.1   Association de résistances en série

Deux résistances R_1 et R_2 en série, parcourues par un courant i ont des tensions aux bornes: $u_1=R_1i$ et $u_2=R_2i$. La tension aux bornes du dipôle résultant de l'association est donc:

$$u=u_1+u_2=(R_1+R_2)i.$$

La résistance équivalente $R_{\text{éq}}$ est la somme des deux résistances:

$$\boxed{R_{\text{éq}}=R_1+R_2 \text{ en série}}.$$

La résistance équivalente est toujours plus grande que la plus grande des deux résistances associées en série.

Formule du pont diviseur de tension

À partir des formules précédentes on peut exprimer l'une des deux tensions partielles (u_1 ou u_2) en fonction de la tension totale et des résistances (ou des conductances):

$$\boxed{u_1 = \frac{R_1}{R_1+R_2}u = \frac{G_2}{G_1+G_2}u} \text{ et de même } u_2 = \frac{R_2}{R_1+R_2}u = \frac{G_1}{G_1+G_2}u.$$

La tension totale se divise entre deux dipôles ohmiques en série *proportionnellement à leur résistance*.

2.1.6.2   Associations de résistances en parallèle

Deux résistances en parallèle aux bornes desquelles existe la même tension u sont parcourues par des courants d'intensités $i_1 = \dfrac{u}{R_1}$ et $i_2 = \dfrac{u}{R_2}$. L'intensité totale est donc:

$$i = i_1 + i_2 = u \times \left(\frac{1}{R_1} + \frac{1}{R_2} \right) = \frac{u}{R_{\text{éq}}}.$$

La résistance équivalente est donc donnée par:

$$\boxed{\frac{1}{R_{\text{éq}}} = \frac{1}{R_1} + \frac{1}{R_2} \text{ en parrallèle}}.$$

La résistance équivalente est toujours plus faible que la plus petite des deux résistances associées en parallèle.

Question 2–2:

Démontrer ce résultat.

Cette relation est plus simple à écrire en fonction des conductances, puisque l'on a:

$$G_{éq}=G_1+G_2 \text{ en parallèle}$$

.

Question 2–3:

Quelle est la loi d'association des conductances en série?

Formule du pont diviseur de courant

À partir des formules précédentes on peut exprimer l'une des deux intensités partielles (i_1 ou i_2) en fonction de l'intensité totale et des résistances (ou des conductances):

$$i_1 = \frac{R_2}{R_1 + R_2}i = \frac{G_1}{G_1 + G_2}i \quad \text{et de même} \quad i_2 = \frac{R_1}{R_1 + R_2}i = \frac{G_2}{G_1 + G_2}i.$$

L'intensité totale du courant se divise entre deux dipôles ohmiques en parallèle *proportionnellement à leur conductance*.

2.2   Sources

Les **sources**, ou **alimentations**, ou encore **générateurs**, sont des dipôles particuliers qui fournissent à un circuit électrique l'énergie nécessaire à son fonctionnement.

2.2.1   Sources idéales

2.2.1.1   Source de tension idéale

Une **source de tension** idéale, ou parfaite (symbolisée **Figure 2–7**), applique entre ses bornes une tension constante, quelle que soit l'intensité qui la parcourt. La tension vérifie:

$$u=e, \forall i$$

où e est une constante appelée **force électromotrice (f.é.m.)** de la source.

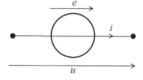

Figure 2–7   Source de tension idéale

Dans le plan (u, i), la caractéristique d'une source de tension idéale est une droite verticale.

En *convention générateur*, lorsque $e \times i > 0$, la source fournit de l'énergie au reste du circuit: c'est le fonctionnement normal, en générateur. Quand $e \times i < 0$, la source est en fonctionnement récepteur.

La puissance *fournie* par la source de tension au reste du circuit est $e \times i$.

Une source idéale de tension est impossible à réaliser, ne serait-ce que parce qu'elle devrait être capable de délivrer (et d'absorber) une puissance illimitée.

Question 2–4:

Une source de tension idéale alimente une résistance R. La puissance fournie par la source à la résistance est-elle une fonction croissante ou décroissante de R?

2.2.1.2   Source de courant idéale

Une **source de courant** idéale, ou parfaite (symbolisée **Figure 2–8**[1]), délivre dans sa branche une intensité constante, indépendante de la tension qui existe entre ses bornes.
L'intensité vérifie:

$$i = \eta, \ \forall u$$

où η est une constante appelée **courant électromoteur** de la source.

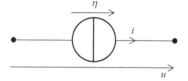

Figure 2–8   Source de courant idéale

En convention générateur, la source est génératrice (fonctionnement normal) quand $\eta \times u > 0$. Elle est réceptrice quand $\eta \times u < 0$.

La puissance fournie par la source de courant au reste du circuit est $\eta \times u$.

Question 2–5:

Une source de courant idéale alimente une résistance R. La puissance fournie par la source à la résistance est-elle une fonction croissante ou décroissante de R ?

Pour les mêmes raisons que la source de tension idéale, une source de courant parfaite est impossible à réaliser.

---

[1]   Il serait plus cohérent de représenter la flèche de η (qui est une intensité) *sur* le fil, et non à côté du dipôle (comme une tension). Mais c'est la représentation ci-dessus que l'on rencontre généralement.

2.2.2   Sources réelles

2.2.2.1   Exemples de sources

On utilise au laboratoire une grande variété de générateurs: **piles** électrochimiques, **générateurs photovoltaïques, alimentations stabilisées ...**

Toutes ces sources ont en commun plusieurs caractéristiques.

— Elles peuvent délivrer de la puissance électrique au circuit auquel elles sont connectées.
— Elles délivrent une tension ou un courant dont l'intensité est approximativement constante dans un certain domaine d'utilisation.
— Elles sont limitées en courant et en tension.

La **Figure 2–9** montre quelques caractéristiques typiques de sources (seul le quadrant de fonctionnement en générateur est représenté):

— sur la **Figure 2–9(a)**, on a représenté la caractéristique expérimentale d'une pile photovoltaïque;
— sur la **Figure 2–9(b)**, la caractéristique expérimentale d'une pile électrochimique;

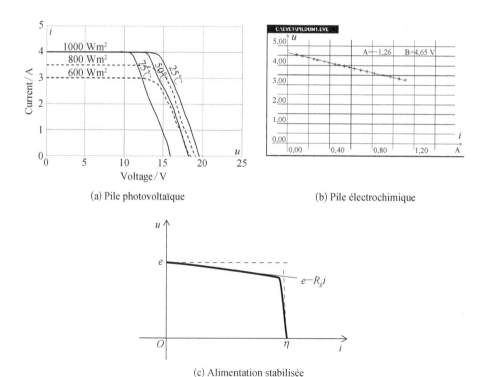

(a) Pile photovoltaïque   (b) Pile électrochimique

(c) Alimentation stabilisée

Figure 2–9   Caractéristiques de sources réelles (en convention générateur)

— sur la **Figure 2–9(c)**, la caractéristique schématisée d'une alimentation stabilisée typique du laboratoire.

Question 2–6:

Parmi ces dispositifs, quels sont ceux qui, à votre avis, peuvent être utilisés comme générateur de tension ou comme générateur de courant?

Question 2–7:

*Comment déterminer, à l'aide de ces courbes, la puissance maximale que peut délivrer la source?

2.2.2.2 Source de tension réelle — Résistance interne

Étudions par exemple la caractéristique d'une alimentation stabilisée [voir **Figure 2–9(c)**]. Dans un domaine d'intensité assez large (à peu près dans l'intervalle $0 < i < 0,9 \times \eta$ sur la figure), on peut confondre la courbe et sa tangente, de sorte que l'on a

$$u = e - R_g \times i$$

où R_g est la pente de la tangente à l'origine.

On peut donc **modéliser** ce générateur comme l'association en série d'une source de tension idéale de f.é.m. e et d'une résistance R_g (voir **Figure 2–10**). Pour cette raison, la résistance R_g est appelée **résistance interne** du générateur.

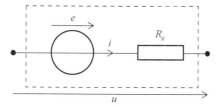

Figure 2–10   Source et résistance interne

Une source de tension réelle est caractérisée par sa f.é.m. e et sa résistance interne R_g.

Cette résistance interne n'est qu'un paramètre de **modélisation**: il n'y a pas, dans l'alimentation, de composant séparé, identifiable, qui serait la résistance interne et que l'on pourrait enlever ou modifier (bien que certaines sources aient une résistance interne ajustable par l'utilisateur). De même, le point situé entre la source e et la résistance R_g n'existe pas réellement: on ne pourrait pas y connecter un fil.

Une source de tension parfaite est donc un générateur de résistance interne nulle. Plus la résistance interne est faible, plus la source se rapproche d'une source idéale. En ordre de grandeur, les générateurs de laboratoire ont des résistances internes de l'ordre de quelques dizaines d'ohms. Les piles communes ont des résistances de l'ordre de 0, 1 Ω, mais cette valeur dépend beaucoup de leur état d'usure.

Question 2–8:

> À partir de la **Figure 2–9(b)**, déterminer un ordre de grandeur de la résistance interne d'une pile électrochimique.

La force électromotrice du générateur est la valeur de la tension aux bornes du générateur lorsque $i=0$ (***tension en circuit ouvert***).

2.2.2.3 Source de courant réelle — Conductance interne

Considérons encore la **Figure 2–9(c)**, mais intéressons-nous à la partie quasiment verticale de la caractéristique. Dans ce domaine (correspondant dans ce cas approximativement à $0 < u < 0, 8 \times e$), on peut encore confondre la courbe à sa tangente et écrire:

$$i=\eta - G_g \times u$$

où G_g est la **conductance interne** du générateur. Tout se passe comme si une résistance $R_g = \dfrac{1}{G_g}$ était placée en parallèle avec une source de courant parfaite, de courant électromoteur η.

Question 2–9:

> Démontrer ce résultat.

D'une façon générale, une source de courant réelle est modélisable (voir **Figure 2–11**) par une source de courant parfaite de courant électromoteur η en parallèle avec une résistance R_g, dite résistance interne. Dans ces conditions, on a en convention générateur:

$$i = \eta - \frac{u}{R_g}.$$

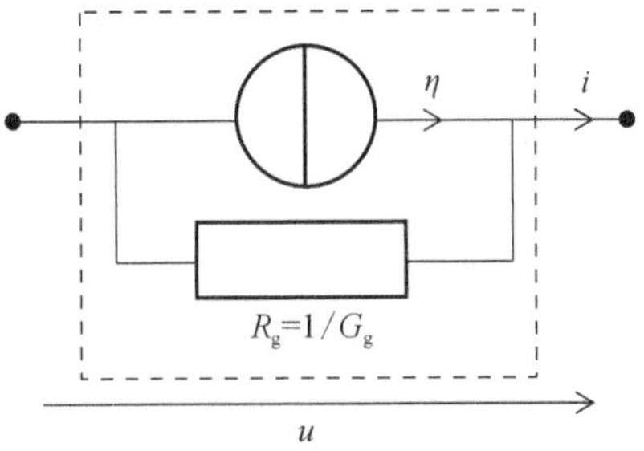

Figure 2–11   Source de courant réelle

Une source de courant parfaite est donc une source de courant de résistance interne infinie (ou de conductance interne nulle). Plus la résistance interne est grande, plus la source se rapproche d'une source de courant idéale.

Le courant électromoteur du générateur est la valeur de i lorsque la tension aux bornes du générateur est nulle. On parle alors de ***courant de court-circuit***.

2.2.3   Utilisation d'une source avec une résistance de charge

2.2.3.1   *Domaine d'utilisation pratique comme source idéale*

Lorsque l'on connecte comme sur la **Figure 2–12** un générateur de tension aux bornes d'une résistance de valeur R_u, la tension délivrée par le générateur dépend de la valeur de R_u.

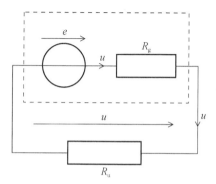

Figure 2–12   Résistance d'utilisation

On a en effet deux relations évidentes:

$$u = e - R_g i \text{ et } u = R_u i$$

qui conduisent aisément à:

$$u = e\,\frac{R_u}{R_g + R_u}.$$

Sur la **Figure 2–13** on a représenté les variations de u avec R_u. On voit que si $R_u > 100 R_g$, la tension aux bornes du générateur peut être considérée comme à peu près constante et égale à e.

Pour les faibles valeurs de R_u, disons $R_u < 10 R_g$, la tension délivrée par le générateur est très sensible à la valeur de la résistance d'utilisation. On évitera donc de se placer dans ce domaine (d'autant plus qu'à faible résistance d'utilisation, l'intensité délivrée devient très grande, ce qui risque d'endommager l'appareil).

Question 2–10:

Reprendre la même analyse pour un générateur de courant connecté à une résistance d'utilisation R_u. Tracer la courbe $i=f(R_u)$ et déterminer dans quelles conditions portant sur R_u on peut considérer que le générateur se comporte de façon idéale.

Question 2–11:

Quelle doit être la valeur minimale (maximale) de R_u pour que la tension (l'intensité) délivrée par une source de tension (de courant) soit constante à 1% près en valeur relative?

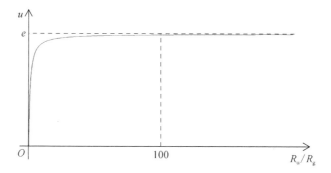

Figure 2–13   Influence de la résistance de charge

2.2.3.2   *Adaptation d'impédance*

Lorsque l'on connecte une résistance à un générateur, le courant délivré dissipe de la puissance électrique par effet Joule dans la résistance interne du générateur. Il n'en reste donc qu'une fraction disponible pour l'utilisation.

Nous cherchons dans ce paragraphe à déterminer les conditions optimales d'utilisation de l'énergie fournie par le générateur.

Considérons encore le montage de la **Figure 2–12** et déterminons la puissance P_u reçue par le générateur à la résistance. Cette puissance est donnée par la relation:

$$P_u = R_u i^2 = \frac{R_u}{(R_u + R_g)^2} e^2.$$

La courbe représentative de P_u en fonction de R_u, pour un générateur donné (c'est-à-dire à e et R_g fixées) est tracée sur la **Figure 2–14**. Il est aisé de montrer que la puissance P_u est maximale lorsque:

$$R_u = R_g.$$

La puissance utile est maximale lorsque la résistance d'utilisation est égale à la résistance interne du générateur.

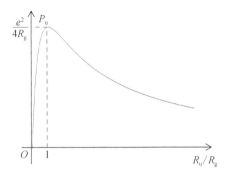

Figure 2–14   Adaptation d'impédance

Cette situation optimale est appelée *adaptation de résistance*; c'est un cas particulier d'une situation plus générale, l'***adaptation d'impédance***.

La puissance maximale délivrée à la résistance de charge est:

$$\frac{e^2}{4R_g} = \frac{e^2}{4R_u}.$$

C'est-à-dire seulement *un quart* de la puissance qui serait délivrée à la résistance si le générateur était parfait (sans résistance interne). Cela correspond exactement à la moitié de la puissance totale qui est délivrée par la source de tension idéale; l'autre moitié est consommée dans la résistance interne.

2.3   Étude d'un circuit

Pour tout circuit, on cherche à déterminer les valeurs des intensités qui traversent tous les dipôles, ainsi que les tensions à leurs bornes. Les lois générales de l'électrocinétique nous donnent suffisamment d'information pour résoudre ce problème.

2.3.1   Lois générales de Kirchhoff

2.3.1.1   Loi des nœuds

La **loi des nœuds** a déjà été rencontrée dans le premier chapitre de ce livre.

Pour un nœud donné, où convergent les fils indicés par k parcourus par des courants d'intensités i_k, la loi des nœuds s'exprime de la façon suivante.

$$\sum_k \varepsilon_k i_k = 0 \text{ avec } \begin{cases} \varepsilon_k = +1 \text{ si } i_k \text{ est orientée vers le nœuds;} \\ \varepsilon_k = -1 \text{ si } i_k \text{ est orientée dans le sens contraire.} \end{cases}$$

2.3.1.2   Loi des mailles

Sur le circuit de la **Figure 2–15**, nous avons dessiné deux mailles distinctes (il y en a beaucoup d'autres!).

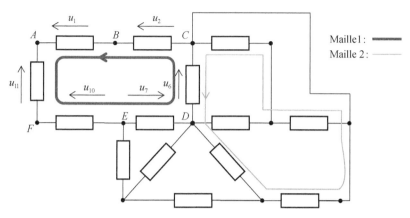

Figure 2–15   Mailles d'un circuit

Pour comprendre la **loi des mailles**, considérons le chemin 1 de la **Figure 2–15**. Cette loi exprime simplement:

$$V_A - V_A = 0.$$

Cette égalité peut sembler une évidence, mais n'oublions pas que l'existence même du potentiel électrique est une conséquence du caractère conservatif de la force électrique en régime permanent. Indirectement, la loi des mailles exprime une *conservation de l'énergie électrique*: le travail effectué par la force électrique dans un circuit fermé qui revient à son point de départ est nul.

On développe l'égalité $V_A - V_A = 0$ en faisant apparaître les différences de potentiel successives aux bornes de chaque dipôle rencontré dans le chemin:

$$V_A - V_B + V_B - V_C + V_C - V_D + V_D - V_E + V_E - V_F + V_F - V_A = 0$$

qui s'écrit, compte tenu des conventions utilisées et avec les notations de la figure:

$$u_1 + u_2 + u_6 + u_7 - u_{10} - u_{11} = 0.$$

Les tensions u_k sont comptées positivement si elles sont dans le sens de parcours de la maille, et négativement sinon.

Nous retenons **la loi des mailles** sous la forme suivante.

$$\sum_k \varepsilon_k u_k = 0 \text{ avec } \begin{cases} \varepsilon_k = +1 \text{ si } u_k \text{ est orientée dans le sens de la maille;} \\ \varepsilon_k = -1 \text{ si } u_k \text{ est orientée dans le sens contraire.} \end{cases}$$

2.3.1.3   Résolution du problème

Collectivement la loi des mailles et la loi des nœuds s'appellent les **lois de Kirchhoff**. On peut montrer qu'en utilisant les lois de Kirchhoff et la relation caractéristique entre i et u pour chaque dipôle, on dispose en principe de suffisamment d'équations pour déterminer les intensités et les tensions de chaque dipôle. Cela ne veut pas dire que la solution soit simple ou même exprimable analytiquement. Cela signifie simplement que ces trois sortes d'informations sont suffisantes pour déterminer complètement l'état du circuit.

Question 2–12:

*Démontrer que les lois de Kirchhoff et les caractéristiques *i-u* sont suffisantes pour analyser complètement un circuit à une seule maille simple comportant 3 dipôles.

2.3.2   Point de fonctionnement d'un circuit

Tout circuit peut être considéré comme l'association de deux dipôles en série, comme sur la **Figure 2–16** où l'on a séparé le circuit en deux dipôles D_1 et D_2 de caractéristiques $i_1(u_1)$ (convention générateur) et i_2 (u_2) (convention récepteur) on a nécessairement:

$$i_1 = i_2 \text{ et } u_1 = u_2.$$

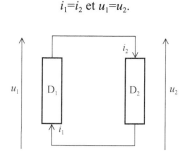

Figure 2–16   Point de fonctionnement

Ces deux conditions définissent le (ou les) couple(s) (i, u) observé(s) dans le circuit en *régime permanent*. En effet la tension commune aux bornes de chaque dipôle vérifie l'équation

$$i_1(u) = i_2(u).$$

Graphiquement, ce (ou ces) point(s), appelé(s) ***point(s) de fonctionnement***, sont à l'intersection des deux caractéristiques (convenablement algébrisées).

Il se peut qu'un tel point de fonctionnement n'existe pas; le système ne peut alors pas fonctionner en régime permanent.

2.3.3   Exemples

2.3.3.1   *Résistance connectée avec une alimentation stabilisée de laboratoire*

Nous envisageons la situation décrite sur la **Figure 2–17** dans laquelle une résistance R_u est connectée à une alimentation stabilisée dont la caractéristique a déjà été étudiée plus haut (paragraphe 2.2.2.1).

Le ***point de fonctionnement*** observé sera le point F, qui se trouve à l'intersection de la caractéristique de l'alimentation et de la droite $u = R_u \times i$ qui est caractéristique de la résistance d'utilisation.

Nous notons le comportement suivant:

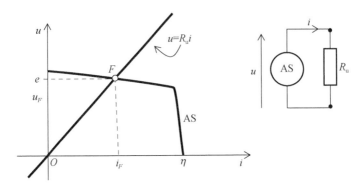

Figure 2–17   Point de fonctionnement d'une alimentation stabilisée (AS)

— lorsque la valeur de R_u est grande, l'alimentation se comporte approximativement comme une source de tension;
— lorsque la valeur de R_u est faible, elle se comporte pratiquement comme une source de courant.

Il n'y a donc rien d'absolu dans la définition d'une «source de courant» ou «source de tension» puisque la même alimentation peut se comporter comme l'une ou l'autre selon le domaine d'utilisation.

Question 2–13:

Déterminer en ordre de grandeur en fonction de e et η la valeur de la résistance R_u au-dessus de laquelle la source se comporte comme une source de tension.

Question 2–14:

Déterminer graphiquement la puissance maximale que peut délivrer l'alimentation lorsque l'on fait varier u.

2.3.3.2   Diodes

Les **diodes** les plus simples sont des composants à caractéristique non linéaire asymétrique, dont un exemple typique est représenté sur la **Figure 2–18**.

La caractéristique réelle [cas (a)] est souvent, en première approche, modélisée [comme indiqué sur le cas (b)], par deux segments de droite. Il s'agit alors du modèle de **diode idéale**, dans lequel on distingue deux états:

$$\boxed{i > 0,\ u=0:\ \text{état passant}}\ ;$$

$$\boxed{i=0,\ u < 0:\ \text{état bloqué}}\ \text{(ou bloquant).}$$

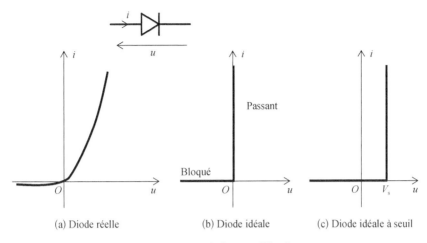

(a) Diode réelle   (b) Diode idéale   (c) Diode idéale à seuil

Figure 2–18   Diodes: modélisation

Dans une modélisation un peu plus réaliste, on introduit le modèle de ***diode idéale avec seuil***, représenté dans le cas (c). La tension de seuil V_s correspond à la limite entre les états passant et bloqué:

$$i > 0, u=V_s\text{: état passant;}$$

$$i=0, u < V_s\text{: état bloqué.}$$

Nous connectons une diode, considérée comme idéale, à un générateur de force électromotrice E et de résistance interne R, comme indiqué **Figure 2–19**. Le point de fonctionnement a pour coordonnées le couple (u, i) qui vérifie simultanément les deux équations:

$$u=E-R{\times}i \text{ et } i=f_D(u)$$

où $f_D(u)$ est la fonction caractéristique de la diode.

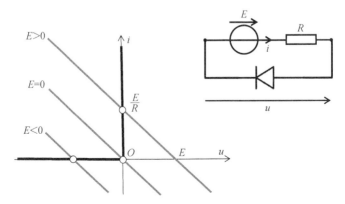

Figure 2–19   Polarisation d'une diode

La courbe $u=E-R\times i$ associée à l'ensemble générateur-résistance interne est appelée **droite de charge**. Le point de fonctionnement est à l'intersection de la droite de charge et de la caractéristique $i(u)$ de la diode. La **Figure 2–19** montre le point de fonctionnement pour plusieurs valeurs de E. Il est facile de voir que ce circuit conduit à deux états possibles.

— Si $E > 0$, la diode est **passante** et la tension aux bornes de la résistance est $u_R=Ri=E$.

— Si $E < 0$, la diode est **bloquée** (ou **bloquante**) et $u_R=0$.

Comme nous le verrons, ce type de circuit est utilisé pour supprimer les parties négatives d'un signal.

2.3.3.3   Circuit multistable à résistance négative

L'exemple suivant est un peu plus complexe. Le montage est représenté sur la **Figure 2–20**. Il comprend un générateur de force électromotrice E et de résistance interne R placé en série avec une diode à effet tunnel, dispositif non linéaire dont la caractéristique $i=f_{DT}(u)$ est non monotone, comme cela est représenté sur la figure.

Le point de fonctionnement a pour coordonnées le couple (u, i) qui vérifie simultanément les deux équations:

$$u=E-R\times i \text{ et } i=f_{DT}(u).$$

Sur la **Figure 2–20**, on a représenté la courbe $i=f_{DT}(u)$ et plusieurs droites de charge $i = \dfrac{E-u}{R}$, correspondant à plusieurs valeurs de la force électromotrice E.

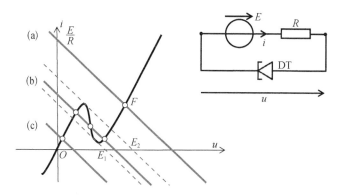

Figure 2–20   Circuit à résistance négative

Plusieurs cas se présentent selon la valeur de E.

Pour les grandes (ou petites) valeurs de E, on se trouve dans le cas (a) [ou (c)] de la figure: on n'observe qu'un seul point de fonctionnement possible. C'est la situation usuelle.

Les valeurs de E limites de ces comportements sont notées E_1 et E_2 et les droites de charge associées sont représentées sur la figure, en pointillé.

Pour les valeurs de E vérifiant $E_1 < E < E_2$, on obtient trois points de fonctionnement possibles. Une analyse qui dépasse le cadre de ce cours montre que le point intermédiaire est instable et que seuls les deux points extrêmes sont stables. On dit que le système est **bistable**.

Deux points de fonctionnement stable sont a priori possibles. Lequel va-t-on observer? La réponse dépendra de la façon dont on est arrivé à la valeur de E choisie.

Si on a commencé par une très grande valeur de E ($> E_2$) et qu'on l'a ensuite progressivement diminué on restera par continuité sur le point de fonctionnement de plus grande tension. Mais cela n'est possible que jusqu'à ce que E atteigne la valeur E_1. Si on continue à diminuer dans les valeurs inférieures à E_1, le système adoptera alors le seul point de fonctionnement possible [cas (c)].

Si ensuite on augmente la tension, depuis une valeur de $E < E_1$, on aura le même comportement: dans la zone bistable, le point de fonctionnement sera celui de plus faible tension. Cette situation ne pourra pas se maintenir au-delà de E_2, après quoi nous serons à nouveau, dans le cas (a), notre situation de départ.

On peut résumer ce comportement en représentant la tension du point de fonctionnement u_F en fonction de E. La courbe est représentée sur la **Figure 2–21**. On voit que la tension de fonctionnement subit des discontinuités, appelées **basculements**, lorsque la force électromotrice passe par les valeurs E_1 et E_2.

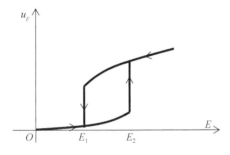

Figure 2–21   Hystérésis

Un phénomène présentant ce comportement, dans lequel la valeur d'un paramètre dépend *du sens de variation* et des *valeurs antérieures* d'un paramètre de contrôle, est nommé phénomène d'*hystérésis.*

Ce type de phénomène est utilisé dans les dispositifs à mémoire, puisque la valeur de la tension de fonctionnement observée dans la zone intermédiaire $E_1 < E < E_2$ dépend de l'histoire antérieure du dispositif. On utilise également ce phénomène pour réaliser des oscillateurs électroniques. Nous y reviendrons plus tard.

Question 2–15:

*Pour le dispositif étudié dans ce paragraphe, le comportement bistable sera-t-il observé quelle que soit la valeur de R ?   Discuter.

Exercices   2

Exercice 2–1: Montage courte ou longue dérivation

La mesure d'une résistance à l'aide d'un ampèremètre et d'un voltmètre présente une difficulté du fait des résistances internes de ces appareils. Nous notons R_A et R_V les résistances internes de l'ampèremètre et du voltmètre (respectivement) et nous considérons les deux montages représentés sur la figure ci-dessous.

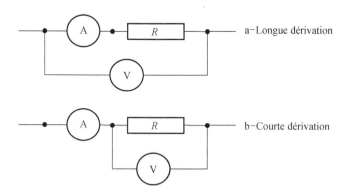

Figure de l'Exercice 2–1

La résistance mesurée R_{mes} est le rapport entre la tension mesurée u_{mes} par le voltmètre et l'intensité i_{mes} mesurée par l'ampèremètre.

1. Exprimer R_{mes} en fonction de R_A, R_V et R pour les deux montages considérés.

2. Dans chaque cas, déterminer l'erreur systématique relative $\dfrac{R_{mes} - R}{R}$. Calculer numériquement cette erreur pour $R=5{,}00$ kΩ, $R_A=10$ Ω, $R_V=1$ MΩ. Quel est le meilleur montage? Pouvez-vous généraliser et donner, selon la valeur de R, le montage le plus adapté à la mesure de la résistance?

Exercice 2–2: Puissance consommée par des résistances

Trois résistances identiques sont reliées à une source de tension E idéale, de sorte que l'une d'entre elles est raccordée aux deux autres disposées en série.

1. Comparer la puissance dissipée dans la première à celle dissipée dans chacune des deux autres (calculer le rapport).

Exercice 2–3: Résistance itérative

On considère le dipôle AB ci-dessous.

1. Déterminer la valeur de la résistance R' pour laquelle la résistance équivalente entre les points A et B est elle-même égale à R'.

2. On répète le motif précédent n fois (figure ci-dessous), en supposant que R' a la valeur précédente. Quelle est la résistance équivalente au dipôle AB ?

3. Déterminer u_n en fonction de u_0 et n.

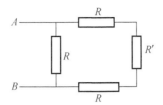

Figure de l'Exercice 2–3: question 1

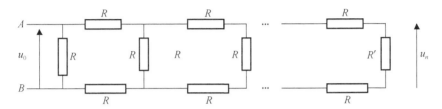

Figure de l'Exercice 2–3: question 2 et 3

Exercice 2–4: Trois mesures

Les mêmes appareils, montés de trois façons différentes, donnent les indications suivantes: (V_1, I_1); (V_2, I_2); $(V_3; I_3)$ (voir ci-dessous).

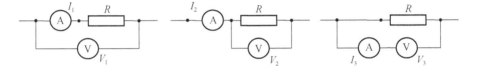

Figure de l'Exercice 2–4

1. Trouver les résistances du voltmètre, de l'ampèremètre et la valeur de la résistance R. La tension appliquée aux circuits n'est pas nécessairement la même.

Exercice 2–5: Alimentation d'un train

Nous nous intéressons ici à l'alimentation électrique d'une ligne TGV (française), que nous modélisons par une tension continue (bien qu'en réalité il s'agisse de courant alternatif, nous présentons une analyse simplifiée).

Chaque train consomme une puissance $P_0=8, 8$ MW lorsqu'il est alimenté par une tension $U=25, 0$ kV. Le schéma électrique de la ligne est représenté ci-dessous: à intervalle régulier, des sous-stations d'alimentation, distantes de ℓ, assimilées à des générateurs idéaux de force électromotrice U, alimentent la *caténaire* (C), formée d'un câble de cuivre de conductivité $\gamma_{Cu}=59, 6\times10^6$ S $\cdot$ m^{-1} et de section constante s. La locomotive est parcourue par un courant d'intensité constante $I=352$ A, quelle que soit sa position x sur la ligne. Le retour du courant vers les sous-stations se fait par les rails et le sol; on en négligera la résistance électrique. On supposera enfin qu'entre deux sous-stations il y a au maximum un seul train en circulation.

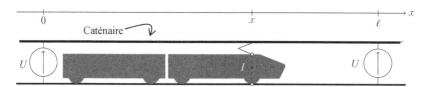

Figure de l'Exercice 2–5

1. Montrer que la puissance consommée par le train à l'abscisse x est $P(x)=P_0-x\times(\ell-x)/\Gamma$, où Γ est une constante, à exprimer en fonction de γ_{Cu}, s, ℓ et I.
2. Pour un fonctionnement satisfaisant de l'ensemble et éviter l'échauffement excessif de la caténaire, on impose $P(x) > \alpha P_0$ pour tout x dans l'intervalle $[0, \ell]$. En déduire que $s > s_{min}$ où l'on exprimera s_{min} en fonction de γ_{Cu}, α, U, ℓ et P_0. Calculer numériquement s_{min} pour $\alpha=0,98$ et $\ell=50$ km.
3. Pour $s=s_{min}$, calculer la puissance maximale consommée par effet Joule dans la caténaire de longueur ℓ. Faire l'application numérique avec les valeurs précédentes. Commenter.

Exercice 2–6: Résistances équivalentes et symétrie
En utilisant les symétries des associations de dipôles, résoudre les problèmes suivants.

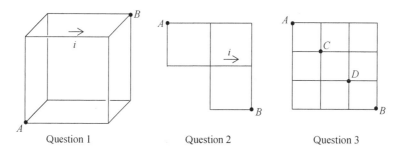

Figure de l'Exercice 2–6

1. Les arêtes d'un cube en fil ont une résistance r identique. Le courant circulant dans une arête est i. Déterminer la différence de potentiel entre les nœuds A et B, la résistance entre ces nœuds et le courant total circulant de A vers B.
2. Déterminer les courants circulant dans chaque côté de l'assemblage, le courant total circulant du nœud A vers le nœud B et la résistance entre ces nœuds. Le côté de chaque cellule a une résistance r et le courant circulant dans l'un des côtés (indiqué sur la figure) est i.
3. Chaque arête de ce circuit carré a une résistance r. Déterminer la résistance entre les nœuds A et B. Que vaut la résistance entre les nœuds C et D?

Exercice 2–7: Étude d'une résistance non linéaire
Une résistance non linéaire (RNL) est un dipôle dont la caractéristique $i(u)$ en convention récepteur vérifie: $i(u)=ku^n$ avec k et n constants. Cette résistance ne peut recevoir de

puissance supérieure à $P_{\max}$=1 W sans être détruite.

1. On détermine expérimentalement les deux points suivants: u_1=30 V, i_1=0, 27 mA et u_2=90 V, i_2=7, 29 mA. Déterminer numériquement k et n.

2. Tracer la caractéristique $i(u)$ avec les échelles 1 cm pour 10 V en x, et 10 cm pour 5 mA en y. La RNL constitue-t-elle un dipôle actif (c'est-à-dire générateur) ?

3. Exprimer en fonction de $P_{\max}$, k et n les valeurs maximales de u et i admissibles dans la RNL. Les calculer numériquement.

4. On place en série un générateur (force électromotrice E constante, résistance interne négligeable), une résistance R et la RNL étudiée ci-dessus. Déterminer graphiquement le point de fonctionnement (u_0, i_0) pour R=10 kΩ et E_0=100 V.

Exercice 2–8: Circuit à diode

Dans le montage de la figure ci-contre, la diode D est idéale.

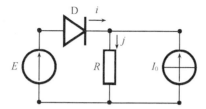

Figure de l'Exercice 2–8

1. On néglige le seuil de la diode. Déterminer i et j dans les deux cas suivants:

$$E=20 \text{ V}, R=20 \text{ Ω}, I_0=2 \text{ A};$$

$$E=20 \text{ V}, R=5 \text{ Ω}, I_0=2 \text{ A}.$$

2. Mêmes questions, avec une diode de tension de seuil u_s=0, 7 V.

Exercice 2–9: Stabilisation de tension

On considère une diode Zener D dont la caractéristique $i(u)$ est donnée ci-dessous. On note u_Z la tension du coude de Zener. La pente de la caractéristique est p pour $u > u_Z$.

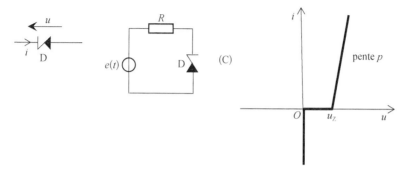

Figure de l'Exercice 2–9

1. On s'intéresse au circuit (C) dans lequel la f.é.m. du générateur est une constante e_0. Expliquer comment on peut déterminer la tension aux bornes de D et le courant qui la traverse. Quels sont les deux cas importants à distinguer?

2. Le générateur de tension fournit une tension $e(t)=e_0+e_1\cos(\omega t)$ avec $e_1 \ll e_0$ et $e_0 > u_Z$. Montrer sans calcul que la tension aux bornes de D est de la forme $u(t)=u_0+u_1\cos(\omega t)$. Exprimer u_1 en fonction de e_1, R et de la pente p de la caractéristique $\left(p = \dfrac{\mathrm{d}i}{\mathrm{d}u} \right)$.

3. Que se passe-t-il pour une diode idéale? Justifier le nom de stabilisateur de tension que l'on donne au circuit (C). Pour une diode réelle, quelle condition doit-on imposer à R pour qu'il y ait effectivement stabilisation?

Exercice 2–10: Association de diodes Zener en série

On associe en série deux diodes Zener identiques à celle de l'Exercice 2–9:

1. Déterminer la caractéristique du dipôle équivalent si les diodes sont dans le même sens.

2. Déterminer la caractéristique du dipôle équivalent si les diodes sont dans des sens opposés.

3. Quel intérêt pratique peut présenter chacune de ces associations?

3 CIRCUITS LINÉAIRES EN RÉGIME PERMANENT

Les dipôles linéaires forment une catégorie de dipôles très simples. Nous allons développer dans ce chapitre un certain nombre d'outils théoriques qui permettent de simplifier l'analyse de circuits linéaires complexes. Tous ces outils utilisent le principe de superposition, que nous retrouverons dans de très nombreuses autres situations physiques au cours de cette année et des suivantes.

Même si les dipôles réels ne sont pas des dipôles linéaires, on peut toujours les représenter comme des dipôles linéaires, à partir du moment où les tensions et des courants envisagés restent voisins d'une valeur moyenne: toutes les caractéristiques i-u peuvent, localement, être assimilées à des droites.

Ce chapitre est donc essentiel, tant du point de vue théorique et des méthodes proposées que du point de vue pratique.

3.1 Généralités sur les dipôles linéaires

3.1.1 Définition

Un dipôle linéaire est un dipôle dont la caractéristique u-i est une fonction affine, comme cela est représenté sur la **Figure 3–1**.

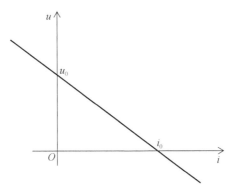

Figure 3–1   Dipôle linéaire

Formellement, cela signifie qu'il existe trois réels non tous nuls (α, β, γ) tels que

$$\alpha u + \beta i = \gamma.$$

On note u_0 et i_0 les intersections avec les deux axes. i_0 est appelé **courant de court-circuit**. C'est le courant dans le dipôle lorsque les deux bornes sont mises en contact. u_0 est la **tension en circuit ouvert** aux bornes du dipôle.

3.1.2 Représentation d'un dipôle linéaire

Considérons un dipôle linéaire quelconque *orienté en convention générateur*. Ce dipôle linéaire peut être considéré comme une source de tension réelle ou une source de courant réelle, ou encore une simple résistance.

3.1.2.1 Cas d'un dipôle ohmique ou résistance pure

La cas de la **résistance pure**, appelée aussi **dipôle ohmique**, est le cas particulier $\gamma=0$. On a alors, dans la convention générateur que nous avons adoptée:

$$u+R{\times}i=0,$$

où R est la valeur de la résistance. Nous adoptons la présentation symbolique de la **Figure 3–2**.

symbole standard européen   symbole standard américain

Figure 3–2   Dipôle ohmique ou résistance pure

Nous notons que rien n'empêche d'avoir R négative[1]: nous en verrons un exemple en deuxième année.

3.1.2.2 Représentation de Thévenin

Dans le cas où $\alpha{\neq}0$, on peut réécrire:

$$u = \frac{\gamma}{\alpha} - \frac{\beta}{\alpha}i.$$

Le dipôle est alors équivalent à une source de tension réelle, c'est-à-dire à une source de tension idéale de force électromotrice $e = \frac{\gamma}{\alpha}$ en série avec un dipôle ohmique de résistance $R_g = \frac{\beta}{\alpha}$. On peut alors écrire plus simplement:

$$u=e-R_g{\times}i.$$

---

[1]   On ne peut pas obtenir une résistance négative à l'aide d'un dispositif passif, par exemple avec un matériau uniforme. En revanche on peut réaliser un dipôle complexe dont la caractéristique correspond à une résistance négative. Un tel dipôle contient nécessairement une source d'énergie. Pouvez-vous expliquer pourquoi?

Cette représentation est la représentation de Thévenin, schématisée sur la **Figure 3–3**. Le cas d'une source de tension idéale correspond à la situation où $\beta=0$ et donc $R_g=0$.

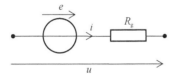

Figure 3–3   Représentation de Thévenin

3.1.2.3   Représentation de Norton

Dans le cas où $\beta\neq0$, on peut écrire aussi:

$$i = \frac{\gamma}{\beta} - \frac{\alpha}{\beta}u.$$

Le dipôle est alors équivalent à une source de courant réelle, c'est-à-dire à une source de courant idéale, de courant électromoteur $\eta=\dfrac{\gamma}{\beta}$, en parallèle avec un dipôle ohmique de conductance $G_g = \dfrac{\alpha}{\beta}$ (donc de résistance $R_g=1/G_g$, si $G_g\neq0$).

Cette représentation est la représentation de Norton, schématisée sur la **Figure 3–4**.

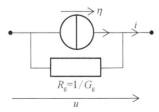

Figure 3–4   Représentation de Norton

Le cas d'une source de courant idéale correspond à la situation $\alpha=0$ (résistance interne infinie).

3.1.2.4   Passage d'un équivalent à l'autre

Il est important de comprendre que les deux points de vues ne sont que deux représentations équivalentes d'un même dipôle, dans le cas où $\alpha\neq0$ et $\beta\neq0$.

Il est en pratique très utile de passer d'un équivalent à l'autre, pour simplifier la représentation des circuits. La règle d'équivalence est schématisée ci-après sur la **Figure 3–5**.

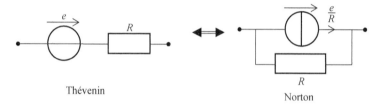

Figure 3–5   Équivalence des représentations

Démontrer l'équivalence.

Cette règle permet de simplifier considérablement l'analyse de circuits complexes.

3.1.2.5   Courant de court-circuit et tension de circuit ouvert

Considérons le cas où ni α ni β ne sont nuls. La caractéristique est alors celle de la **Figure 3–1**.

Le *courant de court-circuit* est l'intensité i_0 du point d'intersection de la caractéristique avec l'axe $u=0$. On a clairement:

$$i_0 = \eta.$$

Le courant de court-circuit est égal au courant électromoteur du générateur de Norton équivalent.

La tension de circuit ouvert est la tension u_0 du point d'intersection de la caractéristique avec l'axe $i=0$. On trouve facilement:

$$u_0 = e.$$

La tension de circuit ouvert est égale à la force électromotrice du générateur de Thévenin équivalent.

3.1.3   Associations de dipôles linéaires

Il est très simple de vérifier les équivalences schématisées ci-dessous. Dans chaque cas, il s'agit d'étudier l'association de deux dipôles linéaires.

3.1.3.1   Association en série: représentation de Thévenin

Lorsqu'on associe deux dipôles linéaires en série, la représentation de Thévenin est la plus adaptée. La situation est schématisée sur la **Figure 3–6**.

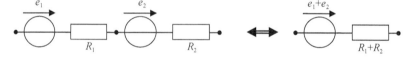

Figure 3–6   Association en série

Association en série: les forces électromotrices et les résistances s'ajoutent.

Question 3–2:

Démontrer ce résultat.

3.1.3.2   *Association en parallèle: représentation de Norton*

Lorsqu'on associe deux dipôles linéaires en parallèle, c'est la représentation de Norton qui est la plus adaptée. La situation est schématisée sur la **Figure 3–7**.

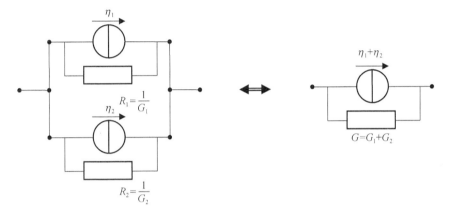

Figure 3–7   Association en parallèle

Association en parallèle: les courants électromoteurs et les conductances s'ajoutent.

Question 3–3:

Démontrer ce résultat.

3.1.4   Exemples

Nous proposons quelques exemples d'associations non évidentes de dipôles linéaires. L'idée de base consiste à se ramener aux cas élémentaires ci-dessus en utilisant les équivalences Thévenin/Norton.

3.1.4.1   *Générateurs de Thévenin en parallèle*

On associe deux sources de Thévenin en parallèle, comme indiqué **Figure 3–8** et on souhaite déterminer le générateur de Thévenin équivalent.

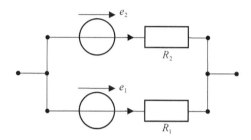

Figure 3–8   Association de générateurs de tension en parallèle

Pour résoudre ce problème, le plus simple est de trouver les équivalents Norton des générateurs, car leur association en parallèle est très simple. Chaque générateur est équivalent à un générateur de Norton de courant électromoteur:

$$\eta_i = \frac{e_i}{R_i}.$$

On a donc un générateur de Norton équivalent de courant électromoteur:

$$\eta_{éq} = \eta_1 + \eta_2 = \frac{e_1}{R_1} + \frac{e_2}{R_2}$$

et de conductance interne:

$$G_{éq} = G_1 + G_2 = \frac{R_1 + R_2}{R_1 R_2}.$$

Le générateur de Thévenin équivalent a donc une f.é.m. équivalente:

$$e_{éq} = \frac{\eta_{éq}}{G_{éq}} = \frac{e_1 R_2 + e_2 R_1}{R_1 + R_2}$$

et une résistance interne:

$$R_{éq} = \frac{1}{G_{éq}} = \frac{R_1 R_2}{R_1 + R_2}.$$

Remarque

On aboutit à une difficulté si on a $R_1 = R_2 = 0$: il est évidemment impossible en général d'associer en parallèle deux sources de tension idéales en parallèle (si leurs f.é.m. sont distinctes).

| Question 3–4: |

Que se passe-t-il si seulement un des deux générateurs de tension est idéal?

3.1.4.2 Générateurs de Norton en série

Le problème est symétrique de celui du paragraphe précédent: on associe deux sources de courant en série, comme indiqué **Figure 3–9**. Il s'agit de déterminer le générateur de Norton équivalent.

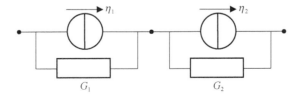

Figure 3–9   Association de générateurs de courant en série

La résolution est la transposée de celle de l'exemple précédent. Les deux générateurs sont équivalents à des générateurs de Thévenin de f.é.m. $e_i = \dfrac{\eta_i}{G_i}$ et de résistance interne $R_i = \dfrac{1}{G_i}$.

On a donc un générateur de Thévenin de f.é.m.:

$$e_{\text{éq}} = e_1 + e_2 = \frac{\eta_1}{G_1} + \frac{\eta_2}{G_2}$$

et de résistance interne:

$$R_{\text{éq}} = \frac{1}{G_1} + \frac{1}{G_2}.$$

Le générateur de Norton équivalent a donc une conductance interne:

$$G_{\text{éq}} = \frac{G_1 G_2}{G_1 + G_2}$$

et un courant électromoteur:

$$\eta_{\text{éq}} = \frac{\eta_1 G_2 + \eta_2 G_1}{G_1 + G_2}.$$

On notera la symétrie entre ces expressions et celles du paragraphe précédent.

Si les deux générateurs étaient idéaux, on aboutirait en général à une impossibilité ($G_1 = G_2 = 0$): chaque générateur ne peut imposer un courant différent dans la même branche.

Question 3–5:

Que se passe-t-il si l'un seulement des deux générateurs de courant est idéal?

3.2   Circuits linéaires

Nous étudions le cas des **circuits linéaires** (ou réseaux linéaires) obtenus par l'association de dipôles *linéaires* seulement, c'est-à-dire en pratique, essentiellement un circuit comprenant des sources et des résistances.

3.2.1   Théorème de superposition

3.2.1.1   Position du problème

On considère un circuit formé de dipôles linéaires, en régime permanent. Comme on l'a vu, ces dipôles peuvent être considérés comme des sources de Thévenin ou de Norton.

Les sources de tension et de courant ont respectivement des forces électromotrices et des courants électromoteurs notés:

$$e_1, e_2, ..., e_i, ...; \eta_1, \eta_2, ..., \eta_j, ...$$

L'état du réseau est caractérisé par les courants circulant dans les dipôles du système et les tensions aux bornes de ceux-ci:

$$\{u_1, u_2, ..., u_k, ...; i_1, i_2, ..., i_\ell, ... \}.$$

Le problème consiste à déterminer ces tensions et ces courants, en supposant connues les sources (forces électromotrices et courants électromoteurs) et les résistances.

On peut montrer que les lois des mailles et des nœuds fournissent un système d'équations linéaires avec pour inconnues $\{u_1, u_2, ..., u_k, ...; i_1, i_2, ..., i_\ell, ... \}$, admettant généralement une solution unique (sauf situations pathologiques comme dans le cas de l'association en parallèle de deux sources de tension idéales).

3.2.1.2   Théorème de superposition

Considérons deux distributions de forces et courants électromoteurs du même circuit linéaire:

$$e_1, e_2, ..., e_i, ...; \eta_1, \eta_2, ..., \eta_j, ... \text{ et } e'_1, e'_2, ..., e'_i, ...; \eta'_1, \eta'_2, ..., \eta'_j, ...,$$

correspondant aux dipôles situés aux mêmes endroits (on varie simplement les valeurs délivrées par les sources). Chacune de ces distributions donne respectivement les tensions et courants:

$$\{u_1, u_2, ..., u_k, ...; i_1, i_2, ..., i_\ell, ...\} \text{ et } \{u'_1, u'_2, ..., u'_k, ...; i'_1, i'_2, ..., i'_\ell, ...\}.$$

Le **théorème de superposition** est l'énoncé suivant.

> Toute combinaison linéaire des forces électromotrices et des courants électromoteurs donne la même combinaison linéaire des tensions et des intensités.

Plus précisément, si le même circuit est maintenant soumis à la répartition de sources:

$$\lambda e_1 + \mu e'_1, \lambda e_2 + \mu e'_2, ...; \lambda \eta_1 + \mu \eta'_1, \lambda \eta_2 + \mu \eta'_2, ...$$

λ, μ étant deux constantes, on observera dans les dipôles les tensions et courants obtenus par la même combinaison linéaire:

$$\lambda u_1 + \mu u'_1, \lambda u_2 + \mu u'_2, ...; \lambda i_1 + \mu i'_1, \lambda i_2 + \mu i'_2, ...$$

Ce théorème, que nous ne démontrons pas, découle de la linéarité des équations des mailles et des nœuds ainsi que de celle des caractéristiques des dipôles.

3.2.1.3   Conséquence pratique

Imaginons que l'on «éteigne» (au sens où l'on rend nulle la force électromotrice ou le courant électromoteur) toutes les sources présentes dans le circuit, sauf une. On obtient ainsi autant d'états que de sources, qu'il suffit de superposer pour obtenir l'état réel du circuit qui nous intéresse.

> Le courant et la tension observés pour un dipôle linéaire dans un circuit est la somme des courants et des tensions obtenus dans les états où toutes les sources, sauf une, sont éteintes.

Question 3–6:

Démontrer ce résultat.

Notons en pratique qu'une source de tension éteinte est équivalente à un court-circuit et qu'une source de courant éteinte est un coupe-circuit.

On donne parfois également le nom de théorème de superposition à cette version (plus restrictive) du théorème ci-dessus.

Remarque

Dans le cas où le circuit présente des **sources linéaires commandées** ou **liées** (dont la force électromotrice ou le courant électromoteur dépend de façon linéaire de la valeur de l'intensité ou de la tension dans une autre branche du circuit), on peut toujours appliquer le théorème de superposition, mais en n'éteignant successivement que les sources *libres*.

3.2.2   Exemples

3.2.2.1   *Simplification d'analyse de circuit à l'aide du théorème de superposition*

À titre d'exemple, nous considérons le montage de la **Figure 3–10** et cherchons à déterminer l'intensité I parcourant la résistance R en utilisant le théorème de super-position. Nous allons donc considérer successivement des états où l'une des sources seulement est allumée.

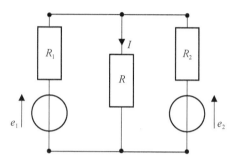

Figure 3–10   Théorème de superposition

Considérons l'état 1 où $e_2=0$. Il est alors très simple de montrer qu'on obtient une intensité dans R:

$$I_1 = \frac{e_1 R_2}{R_1 R_2 + RR_1 + RR_2}.$$

Dans l'état 2 où $e_1=0$, on obtient de même:

Question 3–7:

Démontrer ce résultat.

$$I_2 = \frac{e_2 R_1}{R_1 R_2 + RR_1 + RR_2}.$$

Par superposition, l'intensité dans la résistance R est donc la somme de ces deux intensités:

$$I = I_1 + I_2 = \frac{e_1 R_2 + e_2 R_1}{R_1 R_2 + RR_1 + RR_2}.$$

Remarque

On peut retrouver ce résultat en considérant l'association en parallèle des deux générateurs de Thévenin étudiée précédemment.

Question 3–8:

Retrouver le résultat avec la méthode expliquée dans la remarque ci-dessus.

3.2.2.2 Cas d'un circuit linéaire comprenant une source commandée

Une **source commandée** est une source de tension (ou de courant) dont la force électromotrice (ou le courant électromoteur) dépend de l'intensité ou de la tension *dans une autre branche* du circuit considéré.

À titre d'exemple, nous étudions toujours le montage de la **Figure 3–10**, mais cette fois on suppose que la source 2 est commandée, de sorte que l'on a:

$$e_2 = k \times I$$

où k est une constante (homogène à une résistance). On suppose de plus pour simplifier $R_1 = R_2 = r$. La source 1 est fixe: sa force électromotrice est la constante U. Nous cherchons à nouveau à déterminer I, cette fois en fonction de U, R, r et k.

Il est inutile ici d'invoquer le théorème de superposition, car *on ne peut éteindre qu'une seule source*, qui est la source fixe. On peut en revanche utiliser les résultats précédents en posant $e_2 = kI$. On a donc:

$$I = \frac{Ur + kIr}{r^2 + 2Rr}$$

d'où on déduit:

$$I = \frac{U}{r + 2R - k}.$$

Notons que si k prend la valeur critique $k_c = r + 2R$, le système ne peut se stabiliser en régime permanent.

Question 3–9:

Qu'obtiendrait-on si on utilisait, de façon erronée, le théorème de superposition en éteignant successivement les deux sources et en faisant la somme des intensités de chaque état?

3.3 Théorèmes de Thévenin et de Norton

3.3.1 Théorème de Thévenin

Considérons un circuit quelconque et isolons deux de ses points, A et B. On peut considérer le circuit comme l'association en série de deux dipôles D et Δ (voir **Figure 3–11**).

Nous supposons que le dipôle D ne contient que des dipôles linéaires, et des sources non commandées. Le dipôle Δ est quelconque et peut contenir des éléments non linéaires.

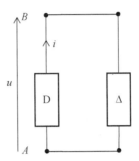

Figure 3–11   Décomposition d'un circuit

Dans ces conditions, la caractéristique du dipôle D est linéaire. On peut écrire, en utilisant la représentation de Thévenin (et en convention générateur, comme sur la figure):

$$u = e_{AB} - R_{AB}i.$$

Le théorème de Thévenin fournit un moyen de déterminer facilement e_{AB} et R_{AB}, en imaginant les expériences suivantes.

Expérience 1

On supprime la connexion en A ou en B. Alors on a un circuit ouvert, donc $i=0$. La tension observée dans cet état fictif est alors $u_{CO}=e_{AB}$ (l'indice co signifiant *circuit ouvert*).

Expérience 2

On éteint toutes les sources: les sources de courant deviennent des ***coupe-circuits*** (interrupteurs ouverts) alors que les sources de tension deviennent des ***courts-circuits*** (simple fils).

Alors, comme le dipôle D devient équivalent à une résistance unique, on aura $e_{AB}=0$ et $u=-R_{AB}i$, et donc R_{AB} est simplement la résistance équivalente au dipôle D dans lequel les sources sont éteintes.

On en déduit le théorème de Thévenin.

Un dipôle constitué de l'association de dipôles linéaires (à l'exclusion de sources commandées), est équivalent à un générateur de tension:
— dont la f.é.m. est la tension aux bornes du dipôle en circuit ouvert;
— et dont la résistance interne est la résistance équivalente au dipôle, dans lequel on a éteint toutes les sources.

3.3.2   Théorème de Norton

On peut reprendre le même argument en passant à la description de Norton. En se reportant toujours à la **Figure 3–11**, on constate que le dipôle D étant linéaire, on peut écrire:

$$i = \eta_{AB} - G_{AB}u.$$

On considère alors les deux expériences suivantes.

Expérience 1

On remplace le dipôle Δ par un court-circuit. On a alors $u=0$. L'intensité du courant observée est donc: $i_{cc}=\eta_{AB}$ (l'indice cc signifiant *court-circuit*).

Expérience 2

On éteint toutes les sources: les sources de courant deviennent des coupe-circuits alors que les sources de tension sont des court-circuits. Alors, comme le dipôle D devient passif, on aura $\eta_{AB}=0$. Dans ces conditions, on aura $i=-G_{AB}u$, et donc G_{AB} est simplement la conductance équivalente au dipôle D dans lequel les sources sont éteintes. On en déduit le théorème de Norton.

Un dipôle constitué de l'association de dipôles linéaires (à l'exclusion de sources commandées), est équivalent à un générateur de courant:
— dont le courant électromoteur est le courant dans le dipôle en court-circuit;
— et dont la conductance interne est la conductance équivalente au dipôle, dans lequel on a éteint toutes les sources.

3.3.3   Exemple d'application: pont de Wheatstone

Le circuit dit du *pont de Wheatstone* est très utilisé en métrologie pour effectuer des mesures précises de résistances. C'est un cas particulier de ce que l'on appelle un pont de mesure. L'idée est de comparer avec une grande précision une résistance inconnue à une résistance connue.

Le circuit est représenté en **Figure 3–12**. Nous allons déterminer l'intensité circulant dans la résistance r en fonction des autres résistances et de U. Plus précisément, nous cherchons les conditions pour lesquelles l'intensité dans r est nulle.

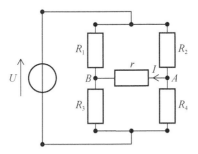

Figure 3–12   Pont de Wheatstone

Nous allons utiliser successivement les théorèmes de Thévenin et de Norton pour résoudre cette question.

3.3.3.1   *Solution à partir du théorème de Thévenin*

L'ensemble des quatre résistances R_k et de la source U est équivalent à un générateur de

Thévenin entre A et B: cherchons sa f.é.m. $e_{éq}$ et sa résistance interne $R_{éq}$.

$R_{éq}$ est la résistance équivalente du dipôle AB de la **Figure 3–13** dans lequel le générateur est éteint:

$$R_{éq} = R_1 // R_3 + R_2 // R_4 \quad \text{soit} \quad R_{éq} = \frac{R_1 R_3}{R_1 + R_3} + \frac{R_2 R_4}{R_2 + R_4}.$$

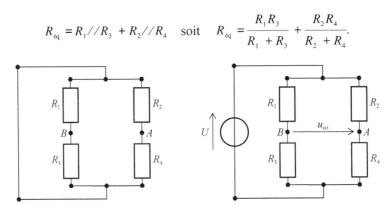

Figure 3–13   Source éteinte   Figure 3–14   Circuit ouvert

Considérons le dipôle AB en circuit ouvert (voir **Figure 3–14**). Chaque branche est un pont diviseur de tension et on a de façon simple une tension de circuit ouvert:

$$u_{co} = V_A - V_B = \left(\frac{R_4}{R_2 + R_4} - \frac{R_3}{R_1 + R_3} \right) \times U = e_{éq}.$$

Tout se passe comme si la résistance r était en série avec le générateur de Thévenin de f.é.m. $e_{éq}$ et de résistance $R_{éq}$. Elle est donc parcourue par une intensité:

$$I = \frac{e_{éq}}{R_{éq} + r}.$$

On note que cette intensité est nulle lorsque le pont est équilibré, c'est-à-dire lorsque

$$R_4 R_1 = R_2 R_3.$$

Connaissant trois des résistances, on peut alors déterminer précisément la quatrième.

3.3.3.2   *Solution à partir du théorème de Norton*

La conductance équivalente $G_{éq}$ est simplement l'inverse de la résistance équivalente $R_{éq}$ déterminée ci-dessus $G_{éq} = \dfrac{1}{R_{éq}}$.

Calculons le courant de court-circuit directement à partir de la **Figure 3–15**, en appelant i_k l'intensité dans la résistance R_k:

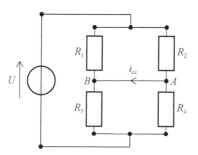

Figure 3–15   Court-circuit

$$U = R_2 i_2 + R_4 \times (i_2 - i_{cc})$$

$$\text{et } U = R_1 i_1 + R_3 \times (i_1 + i_{cc})$$

$$\text{avec } R_2 i_2 = R_1 i_1.$$

On en déduit le courant électromoteur équivalent du générateur de Norton associé au dipôle AB:

$$\eta_{éq} = i_{cc} = \frac{R_1 R_4 - R_3 R_2}{R_2 R_1 \times (R_3 + R_4) + R_4 R_3 \times (R_1 + R_2)} U.$$

On peut vérifier directement que l'on a bien:

$$\eta_{éq} = \frac{e_{éq}}{R_{éq}}.$$

Le courant dans la résistance r est donc:

$$I = \frac{R_{éq} \eta_{éq}}{r + R_{éq}}$$

dont on peut vérifier qu'il est cohérent avec la valeur précédemment déterminée.

Question 3–10:

*Comment ces résultats seraient-ils modifiés si le générateur de tension n'était pas parfait mais possédait une résistance interne R_g?

3.4   Autres outils d'analyse de circuit

Nous donnons dans ce paragraphe quelques outils et méthodes d'analyse très utiles en pratique lorsque l'on doit analyser simplement un circuit électrique.

3.4.1   Loi des nœuds en termes de potentiels — Théorème de Millman

3.4.1.1   Forme générale

Considérons un nœud A, auquel aboutissent des dipôles linéaires. Certains de ces dipôles peuvent comporter des sources de courant. On numérote les branches par l'indice k. Les branches ne contenant pas de sources de courant sont dans l'intervalle $1 \leqslant k \leqslant r$, les autres correspondent à $k > r$ (voir **Figure 3–16**).

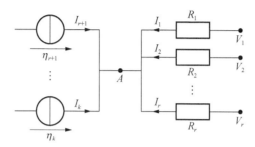

Figure 3–16   Théorème de Millman

La loi des nœuds en A donne, si tous les courants sont orientés vers A:

$$\sum_k I_k = 0.$$

Dans les branches résistives:

$$I_k = \frac{V_k - V_A}{R_k} \ (1 \leqslant k \leqslant r).$$

Dans les branches contenant des sources de courant:

$$I_k = \varepsilon_k \eta_k \ (k > r)$$

avec $\varepsilon_k = +1$ si le c.é.m. η_k est orienté vers le nœud, $\varepsilon_k = -1$ sinon. La loi des nœuds s'écrit donc:

$$\sum_{k=1..r} \frac{V_k - V_A}{R_k} + \sum_{k>r} \varepsilon_k \eta_k = 0$$

d'où l'on tire finalement:

$$V_A = \frac{\displaystyle\sum_{k=1...r} \frac{V_k}{R_k} + \sum_{k>r} \varepsilon_k \eta_k}{\displaystyle\sum_{k=1...r} \frac{1}{R_k}}.$$

Ceci permet d'écrire simplement le potentiel en A en fonction des potentiels aux bornes des résistances. Ce résultat est connu en France sous le nom de ***loi des nœuds en termes de potentiels***.

3.4.1.2   Théorème de Millman

Dans le cas particulier où il n'y a pas de générateurs de courant, on a la forme plus simple:

$$V_A = \frac{\displaystyle\sum_{k=1\ldots r} \frac{V_k}{R_k}}{\displaystyle\sum_{k=1\ldots r} \frac{1}{R_k}} = \frac{\displaystyle\sum_{k=1\ldots r} G_k V_k}{\displaystyle\sum_{k=1\ldots r} G_k} .$$

C'est ce résultat que l'on désigne généralement sous le nom de ***théorème de Millman***.

3.4.2   Ponts diviseurs

3.4.2.1   Pont diviseur de tension — Potentiomètre

Considérons le dipôle BC de la **Figure 3–17**. Le théorème de Millman donne immédiatement au point A:

$$V_A = \frac{\dfrac{V_B}{R_1} + \dfrac{V_C}{R_2}}{\dfrac{1}{R_1} + \dfrac{1}{R_2}} = \frac{R_2 V_B + R_1 V_C}{R_1 + R_2} .$$

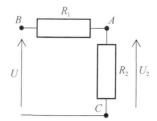

Figure 3–17   Pont diviseur de tension

Si l'on prend le point C comme référence des potentiels (c'est-à-dire si on pose $V_C=0$), on aura donc:

$$V_A = \frac{R_2}{R_1 + R_2} V_B \quad \text{soit} \quad \boxed{U_2 = \frac{R_2}{R_1 + R_2} U = \frac{G_1}{G_1 + G_2} U}$$

et une relation identique pour U_1.

On retrouve la formule du ***pont diviseur de tension***, déjà rencontrée au chapitre 2.

Un ***potentiomètre*** est un dispositif qui permet d'obtenir très simplement un diviseur de tension réglable. Il s'agit d'un dispositif à trois pôles schématisé **Figure 3–18** (ainsi que les photographies de dispositifs réels, rotatifs ou linéaires).

La résistance entre A et B est fixe, notée R, et celle entre A et C vaut xR, et celle entre C et B vaut $(1-x)R$. La quantité x est ajustable, en tournant un curseur ou en translatant une glissière.

Figure 3–18   Potentiomètre

Question 3–11:

> Concevoir un montage avec un potentiomètre et une source de tension idéale de force électromotrice U de façon à obtenir une source de force électromotrice xU réglable. Quelle est la résistance interne de la source ainsi obtenue?

3.4.2.2   Pont diviseur de courant

Considérons les deux dipôles ohmiques en parallèle de la **Figure 3–19**. Nous avons déjà démontré au chapitre 2 la formule du ***pont diviseur de courant***:

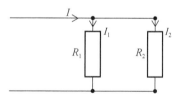

Figure 3–19   Pont diviseur de courant

$$I_1 = \frac{R_2}{R_1 + R_2} I = \frac{G_1}{G_1 + G_2} I$$

et une relation identique pour I_2.

3.4.3   Circuits présentant des symétries

En électricité comme dans les autres domaines de la physique, il est toujours utile de bien identifier les symétries et les invariances d'un système.

3.4.3.1 Circuit présentant un plan de symétrie

Nous considérons l'exemple de la **Figure 3–20** pour présenter des idées qu'il est évident de généraliser. Dans ce montage, nous cherchons à déterminer l'intensité dans la résistance R_3.

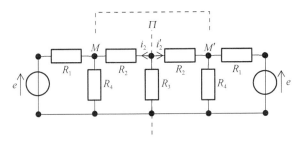

Figure 3–20   Plan de symétrie

On constate que rien ne change dans le circuit si l'on effectue une symétrie relativement au plan Π: on dit que le plan Π est **plan de symétrie** du circuit. En toute rigueur, il ne s'agit pas nécessairement ici d'une transformation géométrique mais d'une opération dans laquelle on intervertit les éléments qui sont situés symétriquement relativement à la branche contenant R_3: c'est une symétrie des connexions.

Dans ces conditions, on montre la propriété suivante.

> Si M et M' sont situés symétriquement par rapport à Π, alors $V_M = V_{M'}$.

On en déduit donc le résultat permettant de simplifier l'étude du circuit.

> Les courants et tensions aux bornes de deux dipôles situés symétriquement par rapport à Π sont identiques.

Par exemple, on aura sur la **Figure 3–20**: $i_2 = i'_2$, etc.

En effet, lorsque deux points sont au même potentiel, on peut les rejoindre par un fil sans rien changer à l'état du montage. En procédant ainsi, on place en parallèle tous les dipôles situés symétriquement par rapport à Π. Le montage équivaut donc, du point de vue de la résistance R_3 à celui de la **Figure 3–21** dans lequel les résistances R_1, R_2, R_4 ont été remplacées par $R_1/2$, $R_2/2$, $R_4/2$, respectivement.

Question 3–12:

Expliquer pourquoi.

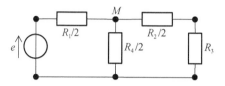

Figure 3–21   Montage simplifié

On peut alors très facilement répondre à la question par application successive de ponts diviseurs et d'associations de résistances.

Question 3–13:

Terminer le calcul et déterminer l'intensité i_3 qui traverse la résistance R_3. Vérifier qu'il vaut: $i_3 = e \times \dfrac{2R_4}{2R_1R_3 + R_1R_2 + R_1R_4 + 2R_3R_4 + R_2R_4}$. Vérifier sur des cas simples!

3.4.3.2   Circuit présentant un plan d'antisymétrie

Le circuit de la figure **Figure 3–22** possède une propriété remarquable: lorsqu'on effectue une symétrie relativement au plan Π^*, on change toutes les forces électromotrices et les courants électromoteurs des sources en leurs opposés. On dit que Π^* est un **plan d'antisymétrie** du circuit.

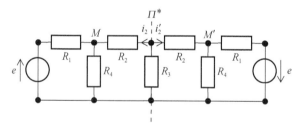

Figure 3–22   Plan d'antisymétrie

Dans ces conditions, le circuit étant linéaire, on peut déduire la propriété suivante.

Les courants et tensions aux bornes de deux dipôles situés symétriquement par rapport à Π^* sont opposés.

Question 3–14:

Démontrer ce résultat.

Ce type de situation permet de simplifier considérablement le circuit. En effet, on aura par exemple $i_2 = -i'_2$, d'où on déduit par la loi des nœuds que $i'_3 = 0$, donc $u_3 = 0$.

Question 3–15:

Pouvez-vous retrouver le résultat $i_3 = 0$ par un autre raisonnement?

Le circuit est alors équivalent aux deux sous-circuits beaucoup plus simples de la **Figure 3–23**, dans lesquels la résistance R_3 ne joue aucun rôle.

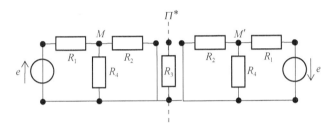

Figure 3–23   Circuit équivalent

Exercices   3

Exercice 3–1: Comparaison de deux tensions — Méthode par opposition
On considère le circuit représenté sur le schéma ci-dessous, où x et $R-x$ sont des résistances réglables (potentiomètre) et où e_1 et e_2 sont les forces électromotrices de deux sources de tension idéales. On suppose $e_1 > e_2$.
1. Déterminer les courants i_1 et i_2 par trois méthodes différentes au moins.
2. Pour une valeur x_0 de x, on a $i_2 = 0$. Exprimer le rapport e_2/e_1 en fonction des données.

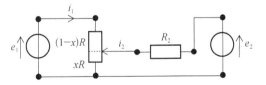

Figure de l'Exercice 3–1

Exercice 3–2: Dipôles équivalents
1. Donner les représentations de Thévenin et de Norton de chacun des dipôles AB suivants.

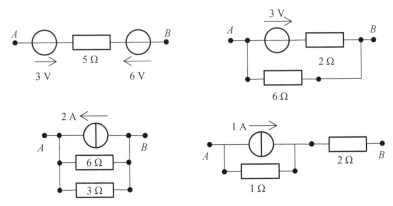

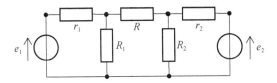

Figure de l'Exercice 3–2

Exercice 3–3: Courant dans une branche résistive
1. Calculer l'intensité dans la résistance R.

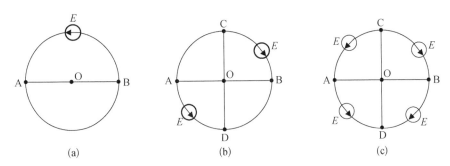

Figure de l'Exercice 3–3

Exercice 3–4: Utilisation de symétries
Les circuits de la figure ci-dessous sont réalisés à l'aide de générateurs idéaux de f.é.m. E (de taille infiniment petite) et d'un fil résistif identique en tout endroit. Toutes les intersections représentées par un point sont des nœuds. La résistance de la portion OB est r. On veillera à exploiter au maximum les symétries du problème.

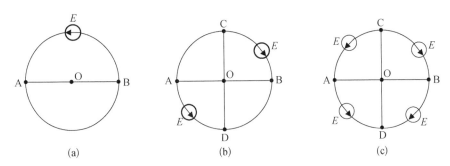

Figure de l'Exercice 3–4

1. Calculer l'intensité I_{AB} dans le cas (a).
2. Calculer les intensité I_{AD} et I_{DB} dans le cas (b).
3. Calculer les intensités I_{AD} et I_{DO} dans le cas (c).

Exercice 3–5: Analyse de circuit
1. Déterminer les tensions manquantes sur le circuit ci-dessous.

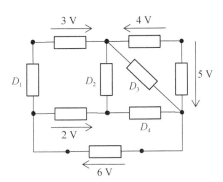

Figure de l'Exercice 3–5

Exercice 3–6: Batterie tampon
Une pile de résistance interne $r_1=4$ Ω a une f.é.m. $e_1(t)$ qui diminue lentement au cours du temps, de manière linéaire: elle diminue de 1, 2 V par 24 heures. Quand la pile est neuve, sa f.é.m. vaut 6 V.
1. Cette pile alimente une résistance de charge $R=10$ Ω. Calculer numériquement la variation d'intensité relative dans la résistance en 24 h.
Pour limiter ce phénomène, on place, en parallèle avec la pile, un accumulateur (générateur) de force électromotrice constante $e_2=4$ V et de résistance interne $r_2=0,1$ Ω. On connecte en parallèle la résistance R.
2. Calculer la diminution relative d'intensité dans la résistance R. Conclure. Quel est le rôle de l'accumulateur?
3. Déterminer l'expression de l'intensité $i_2(t)$ débitée par l'accumulateur au cours du temps. Quand l'accumulateur se comporte-t-il comme un générateur? comme un récepteur?

Exercice 3–7: Analyse de circuit linéaire
1. Dans le circuit ci-dessous, déterminer par au moins trois méthodes différentes l'intensité i dans la résistance $2R$. Vérifier sur des cas simples.
2. Calculer i sachant que $e_1=20$ V, $e_2=5, 0$ V, $\eta=2, 0\times10^{-2}$ A, $R=50$ Ω.

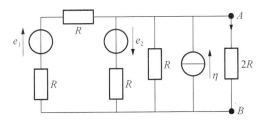

Figure de l'Exercice 3–7

Exercice 3–8: Représentation de Thévenin d'un dipôle

1. Donner les caractéristiques du générateur de Thévenin équivalent au dipôle AB indiqué sur la figure.
2. Calculer le courant i circulant dans une résistance de 500 Ω placée entre A et B. Préciser son sens.

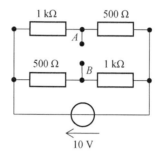

Figure de l'Exercice 3–8

4 CIRCUITS LINÉAIRES EN RÉGIME DÉPENDANT DU TEMPS

Jusqu'à présent, nous n'avons considéré que des situations stationnaires dans lesquelles les grandeurs électriques sont indépendantes du temps. Dans l'immense majorité des cas pratiques, cependant, les circuits électriques sont utilisés dans des situations où les intensités et les tensions dépendent du temps.

Nous allons étudier dans ce chapitre et les cours suivants ce que cela implique dans l'étude et la caractérisation des circuits et dispositifs électroniques.

Nous avons déjà mentionné dans le premier chapitre que, lorsque l'on s'écarte du régime permanent, les lois fondamentales établies dans le cas des régimes permanents (loi des nœuds, intensité conservative, ...) cessent d'être valables en toute rigueur. Cependant, pour les régimes variant suffisamment lentement dans le temps, ces lois fondamentales peuvent être appliquées avec une bonne approximation. Le domaine de ces régimes dépendant *lentement* du temps est le domaine de l'***approximation des régimes quasi permanents (ARQP)***, appelée aussi ***approximation des régimes quasi stationnaires (ARQS)***.

> Tout les résultats de ce cours se placeront dans le cadre de l'ARQP.

La validité de cette approche sera discutée en détail dans le cours sur l'électromagnétisme, en deuxième année. Nous rappelons simplement ici qu'elle est justifiée si les délais de propagation sont très faibles devant le temps caractéristique d'évolution du circuit. Plus précisément, pour un circuit de dimension caractéristique L, siège d'un phénomène dont l'échelle de temps caractéristique est T, l'ARQP sera valable si

$$L \ll cT$$

où c est la vitesse de propagation de la lumière dans le vide.

4.1 Dipôles et circuits linéaires dans l'ARQP

4.1.1 Relation intensité-tension d'un dipôle

4.1.1.1 Généralités

Il est beaucoup plus délicat de caractériser un dipôle en régime dépendant du temps qu'en régime statique. Il n'y a pas, en général, de relation fonctionnelle simple entre l'***intensité instantanée*** $i(t)$ qui traverse un dipôle et la ***tension instantanée*** $u(t)$ à ses bornes.

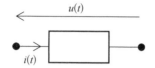

Figure 4–1   Grandeurs instantanées

Le plus souvent, il existe seulement une *équation différentielle* qui relie les fonctions $i(t)$, $u(t)$ et leurs dérivées par rapport au temps. Pour comprendre la difficulté, considérons un cas simple, où cette équation différentielle est linéaire et du premier ordre; c'est le cas d'un condensateur, comme nous le verrons plus bas. Dans ce cas, la relation entre les deux grandeurs est de la forme:

$$i = C \times \frac{\mathrm{d}u}{\mathrm{d}t}$$

où C est une constante.

La connaissance de la *fonction* $t \rightarrow u(t)$ est nécessaire pour déterminer l'intensité $i(t_0)$ à un instant t_0 donné: la valeur de $u(t_0)$ ne suffit pas. Notons d'ailleurs dans cet exemple que la connaissance de la fonction $t \rightarrow i(t)$ *ne suffit pas* non plus à déterminer exactement $u(t)$: il faut connaître également la valeur initiale de u pour pouvoir déterminer la constante d'intégration. Retenons de cette discussion la remarque suivante.

> En général, il n'existe pas de relation instantanée entre la tension et l'intensité dans un dipôle.

Le dipôle est caractérisé par des états de fonctionnement, c'est-à-dire les couples de fonction $(i(t), u(t))$ que l'on observe pour ce dipôle.

4.1.1.2   Puissance instantanée

Le calcul est le même qu'en 2.1.3.1. En régime variable (dépendant du temps), un dipôle orienté en convention récepteur reçoit une puissance instantanée:

$$\boxed{p(t) = u(t) \times i(t)}.$$

C'est en général une grandeur qui dépend du temps.

4.1.2   Dipôle à réponse linéaire

Dans le cas des régimes dépendant du temps, on dit qu'un dipôle est à *réponse linéaire* s'il vérifie le *principe de superposition*: si les couples $(i_1(t), u_1(t))$ et $(i_2(t), u_2(t))$ correspondent à des états de fonctionnement du dipôle, alors le couple obtenu par combinaison linéaire des deux couples $(\lambda i_1(t) + \mu i_2(t)$ et $\lambda u_1(t) + \mu u_2(t))$ correspond aussi à un état de fonctionnement, λ et μ étant des constantes.

Ce principe est important et nous le retrouverons très souvent en physique. Il ne faut pas le confondre avec le théorème de superposition utilisé au chapitre 3 dans le cadre des circuits linéaires.

Remarque

En régime permanent, on considère qu'un dipôle est linéaire si la relation entre la tension aux bornes et l'intensité traversant dans le dipôle est affine, de la forme $i=\alpha u+\beta$, α et β étant des paramètres constants. Or, un dipôle vérifiant $i(t)=\alpha u(t)+\beta$ n'est pas un dipôle à réponse linéaire si $\beta\neq0$.

Question 4–1:

Pourquoi?

Dans ce chapitre et les suivants, nous appellerons **dipôles linéaires**:

— les dipôles à réponse linéaire;
— les sources idéales de courant et de tension.

4.1.3 Dipôle ohmique ou résistance pure

Pour un dipôle ohmique, ou résistance pure, représentée sur la **Figure 3–2**, en convention récepteur:

$$u(t)=R\times i(t)$$

où la résistance R est une constante.

Question 4–2:

Vérifier qu'il s'agit bien d'un dipôle à réponse linéaire.

4.1.4 Condensateur

4.1.4.1 Structure et capacité

Un **condensateur** est réalisé en mettant face à face deux feuilles métalliques (ou **armatures**) séparées par un isolant. Nous reviendrons dans le cours de seconde année sur la structure et le fonctionnement d'un condensateur. Ici il nous suffit de savoir qu'il s'agit d'un dipôle dont la représentation schématique est donnée sur la **Figure 4–2**, dans lequel les armatures portent des charges opposées, $q(t)$ et $-q(t)$.

Si A est l'armature portant la charge $q(t)$ et B celle portant $-q(t)$, on a:

$$q(t)=C\times[V_A(t)-V_B(t)]$$

où C est la **capacité** du condensateur. C'est une grandeur positive, constante, dont la valeur dépend de la géométrie du condensateur et de la nature de l'isolant entre les deux plaques. L'unité SI de capacité est le ***farad*** (F). Le farad est une très grande unité: les composants utilisés au laboratoire auront rarement une capacité supérieure à quelques microfarads (µF).

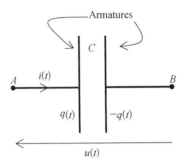

Figure 4–2   Condensateur

Remarque

Cette représentation est idéale. Les composants réels sont assez bien modélisés par une capacité idéale branchée en parallèle avec une résistance, dite ***résistance de fuite*** du condensateur. Cette résistance est généralement très élevée (de 10 à 100 MΩ).

4.1.4.2   *Équation différentielle de réponse*

On utilise les conventions de la **Figure 4–2**: l'intensité $i(t)$ est orientée vers l'armature portant la charge $q(t)$, et la tension est prise en convention récepteur.

Alors l'intensité a pour expression:

$$i = \frac{dq}{dt}.$$

Question 4–3:

Justifier cette formule en faisant un bilan de charge sur une surface fermée bien choisie.

De plus, la charge vaut:

$$q(t) = Cu(t)$$

donc on obtient:

$$i(t) = C \times \frac{du(t)}{dt}.$$

Propriétés

— En régime permanent, $\frac{du}{dt} = 0$ donc $i \neq 0$.

En régime permanent, une capacité est équivalente à un interrupteur ouvert.

— La charge d'une armature ne peut varier que continûment, puisque qu'il faudrait un courant d'intensité infinie pour la modifier de façon discontinue.

La tension aux bornes d'un condensateur est une fonction continue du temps.

4.1.4.3 Puissance reçue

La puissance reçue par un condensateur idéal est:

$$p(t) = u(t) \times i(t) = u(t) \times C \frac{\mathrm{d}u}{\mathrm{d}t} = \frac{\mathrm{d}}{\mathrm{d}t}\left(\frac{1}{2}Cu^2\right).$$

Nous remarquons que le signe de la puissance reçue dépend du sens de variation de u^2.

— Si la tension (et donc la charge) augmente en norme, $\frac{\mathrm{d}u^2}{\mathrm{d}t} > 0$. Donc $p(t) > 0$: le condensateur reçoit effectivement de la puissance électrique de la part du reste du circuit.
— Si la tension diminue en norme, $p(t) < 0$: le condensateur *donne* de la puissance au reste du circuit, il se comporte comme un générateur.

Un condensateur se comporte donc, selon le sens de variation de la charge (en valeur absolue), tantôt comme un récepteur, tantôt comme un générateur.

Nous verrons un peu plus bas quel sens concret on peut donner à la quantité $\frac{1}{2}Cu^2$.

4.1.4.4 Association de condensateurs

Deux condensateurs de capacité C_1 et C_2 associés en série sont parcourus par la même intensité. On a donc, si u_1 et u_2 sont les tensions aux bornes de chacun:

$$i = C_1 \frac{\mathrm{d}u_1}{\mathrm{d}t} = C_2 \frac{\mathrm{d}u_2}{\mathrm{d}t}.$$

Mais la tension aux bornes de l'ensemble des deux condensateurs est $u = u_1 + u_2$, donc:

$$\frac{\mathrm{d}u}{\mathrm{d}t} = \frac{\mathrm{d}u_1}{\mathrm{d}t} + \frac{\mathrm{d}u_2}{\mathrm{d}t} = \left(\frac{1}{C_1} + \frac{1}{C_2}\right)i.$$

L'ensemble des deux condensateurs est donc équivalent à un condensateur unique tel que:

$$\frac{1}{C_{\text{éq}}} = \frac{1}{C_1} + \frac{1}{C_2} \text{ en série.}$$

En parallèle, il est facile de démontrer que les capacités s'ajoutent:

$$C_{\text{éq}} = C_1 + C_2 \text{ en parallèle}$$

Question 4–4:

Démontrer ce résultat.

4.1.5 Bobines d'induction

4.1.5.1 Structure- Inductance propre

Une **bobine d'induction** est réalisée en enroulant de façon très serrée un fil conducteur autour d'un cylindre, souvent constitué de matériau magnétique.

Les photographies de quelques exemples de dispositifs sont sur la **Figure 4–3**.

Figure 4–3   Exemples de bobines d'induction

Lorsqu'une bobine est parcourue par un courant $i(t)$ dépendant du temps, elle est le siège d'un phénomène d'induction électromagnétique. Tout se passe alors comme si elle comportait un générateur de force électromotrice:

$$e = -L \frac{\mathrm{d}i}{\mathrm{d}t}$$

où L est une constante appelée **inductance propre**, ou **coefficient d'auto-inductance**, de la bobine. L'unité d'inductance est le **henry** (H). La valeur de L dépend des dimensions de la bobine, du nombre de tours de fil que comprend la bobine, et du matériau de cœur.

Les inductances couramment utilisées au laboratoire vont du μH à la centaine de mH.

4.1.5.2 Équation différentielle de réponse — Cas idéal

Pour une inductance idéale, symbolisée sur la **Figure 4–4(a)**, on a:

$$u(t) = L \frac{\mathrm{d}i}{\mathrm{d}t}$$

Propriétés

— En régime permanent, $\dfrac{\mathrm{d}i}{\mathrm{d}t} = 0$ donc u=0.

> En régime permanent, une inductance est équivalente à un court-circuit.

— L'intensité dans une bobine d'induction ne peut pas varier de façon discontinue, sinon la tension à ses bornes deviendrait infinie.

> L'intensité du courant dans une bobine est une fonction continue du temps.

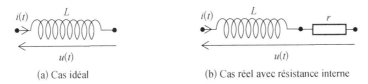

    (a) Cas idéal   (b) Cas réel avec résistance interne

Figure 4–4   Schématisation de bobines d'induction

4.1.5.3   Aspect énergétique

La puissance instantanée reçue par une bobine idéale est:

$$p(t) = u(t) \times i(t) = L\frac{\mathrm{d}i}{\mathrm{d}t}(t) \times i(t) = \frac{\mathrm{d}}{\mathrm{d}t}\left(\frac{1}{2}Li^2(t)\right).$$

La discussion est identique à celle que nous avons effectué pour un condensateur. Nous remarquons que le signe de la puissance reçue dépend du sens de variation de i^2 (et donc de $|i|$).

— Si l'intensité augmente en valeur absolue, $\dfrac{\mathrm{d}i^2}{\mathrm{d}t} > 0$ donc $p(t) > 0$: la bobine

reçoit effectivement de la puissance électrique de la part du reste du circuit.

— Si l'intensité diminue en norme, $p(t) < 0$: la bobine *donne* de la puissance au reste du circuit, elle se comporte comme un générateur.

Une bobine se comporte donc, selon le sens de variation de la norme de l'intensité, tantôt comme un récepteur, tantôt comme un générateur.

Nous verrons un peu plus bas quel sens concret on peut donner à la quantité $\dfrac{1}{2}Li^2$.

4.1.5.4   Dispositifs réels

Les inductances réelles sont bien modélisées par une inductance idéale en série avec une résistance, comme cela est représenté sur la **Figure 4–4(b)**. La résistance r est appelée résistance interne de la bobine. Pour les dispositifs usuels, elle est de l'ordre de 1 ohm à quelques dizaines d'ohms.

Question 4–5:

*Comment varie la résistance interne de la bobine en fonction du nombre de tours N d'une bobine (toutes choses égales par ailleurs)? À titre indicatif, l'inductance propre varie en N^2.

4.1.5.5   Association d'inductances

Il est très facile de montrer les deux propriétés suivantes, lorsque l'on associe deux inductances L_1 et L_2.

— En série, les inductances s'ajoutent:

$$L_{éq}=L_1+L_2 \text{ en série.}$$

— En parallèle, ce sont les inverses qui s'ajoutent:

$$\frac{1}{L_{éq}} = \frac{1}{L_1} + \frac{1}{L_2} \text{ en parallèle.}$$

Question 4–6:

Démontrer ces résultats.

4.1.6   Sources

On généralise sans peine la notion de source idéale rencontrée en régime permanent au cas de sources dépendant du temps.

On distingue ainsi:

— les sources de tension dépendant du temps, qui délivrent une tension $e(t)$ indépendante de l'intensité du courant qui les traverse;
— les sources de courant dépendant du temps, délivrant un courant d'intensité $\eta(t)$ indépendante de la tension à leurs bornes.

4.2   Circuits linéaires

Un circuit, ou réseau, est dit linéaire s'il est composé par association de dipôles linéaires.

4.2.1   Théorème de superposition pour les circuits linéaires

4.2.1.1   Énoncé

Considérons un circuit formé de l'association d'un ensemble de dipôles **linéaires**. Ce circuit comprend un ensemble de sources, indexé par i, de forces électromotrices $e_i(t)$ et de courants électromoteurs $\eta_i(t)$. En présence de ces sources, chacun des dipôles du circuit, indexés par j, est parcouru par une intensité $i_j(t)$ et possède une différence de potentiel $u_j(t)$ entre ses bornes.

Considérons deux circuits identiques au précédent dans lesquels seuls les forces et courants électromoteurs des sources changent:

— l'état 1, de sources $\{e_i(t), \eta_i(t)\}$ correspond aux intensités et tensions: $\{i_j(t), u_j(t)\}$;
— l'état 1′, de sources $\{e'_i(t), \eta'_i(t)\}$ correspond aux intensités et tensions: $\{i'_j(t), u'_j(t)\}$.

Le **théorème de superposition**, que nous admettons, est le suivant.

Si λ et μ sont des constantes, l'état combiné $\{\lambda e_i(t)+\mu e'_i(t), \lambda\eta_i(t)+\mu\eta'_i(t)\}$ correspond aux intensités et tensions $\{\lambda i_j(t)+\mu i'_j(t), \lambda u_j(t)+\mu u'_j(t)\}$.

4.2.1.2 Analyse d'un circuit par superposition

On étudie toujours un circuit linéaire. Considérons l'état $\{\ell\}$ dans lequel toutes les sources sont éteintes, sauf la source numéro i, qui est identique à ce qu'elle est dans le circuit étudié. On observe alors dans le dipôle j les grandeurs $u_j^{(\ell)}(t)$ et $i_j^{(\ell)}(t)$.

Le théorème de superposition permet d'affirmer la propriété suivante.

Les intensités et tensions observées dans le circuit étudié sont obtenues en faisant les sommes des intensités et tensions dans chacun des états $\{\ell\}$.

On a donc, formellement:

$$i_j(t) = \sum_\ell i_j^{|\ell|}(t) \text{ et } u_j(t) = \sum_\ell u_j^{|\ell|}(t).$$

Ce théorème montre que l'on peut réduire l'étude d'un circuit *linéaire* quelconque à celle de circuits comportant *une seule source* (toutes sources éteintes sauf une). Nous nous restreindrons à ce cas dans la suite.

4.2.2 Étude d'un circuit linéaire — Domaine temporel

4.2.2.1 Généralités

Considérons donc un circuit comportant une seule source. Pour fixer les idées, nous prenons le cas d'une source de tension de force électromotrice $e(t)$; tous les résultats sont aisément transposables au cas d'une source de courant.

On dit que le circuit est caractérisé dans le ***domaine temporel*** lorsque, connaissant $e(t)$, on connaît également les intensités et tensions dans le circuit, en fonction du temps. Ce type d'analyse est à distinguer de l'analyse dans le *domaine fréquentiel*, que nous étudierons en deuxième année.

4.2.2.2   *Réponse d'un circuit à un échelon de tension*

Nous allons étudier de façon systématique le comportement d'un circuit linéaire en réponse à des fonctions $e(t)$ en ***échelon***, comme indiqué sur la **Figure 4–5**.

Le premier cas de la **Figure 4–5(a)** correspond à l'établissement d'une tension constante. On parle alors d'*excitation indicielle*, et cette fonction $e(t)$ est appelée ***fonction de Heaviside***. La réponse du circuit est nommée ***réponse indicielle***.

Le deuxième cas [**Figure 4–5(b)**] correspond à l'annulation d'une tension continue. On dit alors que le circuit est en ***évolution libre*** à partir de l'instant $t=0$, où le circuit se trouve dans l'état imposé par la force électromotrice constante U qui règne depuis $t=-\infty$.

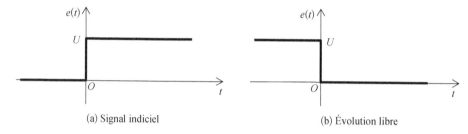

(a) Signal indiciel   (b) Évolution libre

Figure 4–5   Échelons de tension

4.3   Circuit *RC* série

4.3.1   Équation différentielle caractéristique

4.3.1.1   *Écriture*

Dans toute cette partie, on s'intéresse au montage de la **Figure 4–6**.

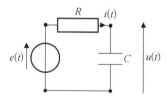

Figure 4–6   Circuit *RC*

La loi des mailles donne très simplement l'équation différentielle caractéristique de ce montage:

$$RC\frac{\mathrm{d}u}{\mathrm{d}t}(t) + u(t) = e(t).$$

Question 4–7:

Démontrer ce résultat.

Cette équation fait apparaître la constante caractéristique

$$\boxed{\tau \overset{def}{=} RC}.$$

La quantité τ est homogène à un temps. On l'appelle **constante de temps** (ou **temps de relaxation**) du circuit RC. L'équation différentielle vérifiée par la tension aux bornes du condensateur est donc:

$$\tau \frac{\mathrm{d}u}{\mathrm{d}t}(t) + u(t) = e(t). \qquad (1)$$

4.3.1.2 Linéarité — Principe de superposition

Considérons deux couples $(u_1(t), e_1(t))$ et $(u_2(t), e_2(t))$ solutions de l'équation (1) ci-dessus. On peut alors vérifier que le couple $(\lambda u_1(t)+\mu u_2(t), \lambda e_1(t)+\mu e_2(t))$, où λ, μ sont des constantes, est également solution de (1). Nous disons que l'équation différentielle (1) est **linéaire**.

Question 4–8:

Vérifier ce résultat.

Comme elle fait intervenir uniquement la *dérivée première* de $u(t)$, nous disons qu'il s'agit d'une **équation différentielle linéaire du premier ordre**.

4.3.1.3 Existence et unicité des solutions

On montre en mathématiques que, pour une fonction $e(t)$ donnée, l'équation (1) admet toujours une infinité de solutions.

Si de plus on impose une condition à $u(t)$, par exemple $u(t{=}0){=}u_0$, ou $u(t{\to}{-}\infty){=}0$, il existe alors une *unique* solution pour l'équation (1).

La tension $u(t)$ est déterminée de façon unique si l'on connaît $e(t)$ et une valeur $u(t_0)$.

4.3.2 Étude graphique des solutions libres

4.3.2.1 Définition

On dit que le circuit est en **évolution libre** lorsque $e(t){=}0$, $\forall t$. C'est une situation qui correspond au montage de la **Figure 4–6** dans le cas où la source est éteinte. La tension aux bornes de la capacité vérifie alors l'équation différentielle, dite **équation différentielle homogène** (ou équation d'évolution **libre**, ou encore **équation différentielle sans second membre**):

$$\tau \frac{\mathrm{d}u}{\mathrm{d}t}(t) + u(t) = 0.$$

4.3.2.2 Analyse graphique dans le plan de phase (u, u̇)

Avant de donner la solution analytique de cette équation, nous présentons une méthode graphique d'analyse qualitative des solutions. À un instant t, nous associons un point du plan OXY, dont les coordonnées cartésiennes sont $X = u$, $Y = \dfrac{du}{dt}$. Ce point est appelé **point représentatif** du circuit.

Ce plan est appelé **espace des phases** du circuit. Dans le cas qui nous intéresse, les points représentatifs sont situés sur la droite d'équation $Y = -X/\tau$, comme cela est indiqué sur la **Figure 4–7**.

Supposons qu'à un instant t_0 donné, le point représentatif du système soit au point A de la figure. En ce point, le système est tel que $Y = \dfrac{du}{dt}(t_0) < 0$: à cet instant, $u(t)$ est une fonction décroissante du temps. Le point représentatif du système va donc évoluer de façon à diminuer X, c'est-à-dire dans le sens de la flèche dessinée sur la figure. La tension u diminuant, $\left|\dfrac{du}{dt}\right|$ diminue également et le point va se déplacer de moins en moins vite, mais toujours dans la même direction. Il tend donc à se rapprocher indéfiniment du point O, où $u=0$, $\dfrac{du}{dt} = 0$.

Symétriquement, si le système se trouve à un instant donné au point B, la valeur de $\dfrac{du}{dt}$ dans ce point est positive, donc u tend à augmenter et le point représentatif se rapproche du point O.

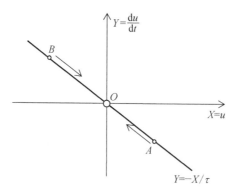

Figure 4–7   Plan de phase

Si à $t=t_0$, le système est en O, il y reste puisque sa vitesse est nulle à chaque instant. On dit que le point O est un **point fixe** du système, correspondant à la solution triviale:

$$u(t)=0 \quad \forall/t.$$

Quel que soit l'état initial que l'on considère, le point représentatif du système tend vers le point O. Lorsque, en régime libre, le système évolue vers la solution:

$$u = 0, \quad \frac{du}{dt} = 0$$

quelle que soit son état initial, on dit que le système est **stable**.

Notre analyse graphique nous a permis de montrer simplement que le circuit RC est un circuit stable.

Question 4–9:

Étudier de la même façon l'équation différentielle $\tau \dfrac{du}{dt} + u = U$ où U est une constante. Le système est-il stable? Quel est le point fixe?

Question 4–10:

Que se passerait-il si la résistance R était négative? Faire une analyse graphique.

4.3.3   Réponse indicielle

Le générateur délivre une tension indicielle telle que:

$$e(t)=0 \text{ pour } t < 0 \text{ et } e(t)=U \text{ pour } t > 0.$$

Nous supposons de plus que $u(t\rightarrow-\infty)=0$. La capacité est donc déchargée (sa charge est nulle). Elle le reste pour tous les instants $t < 0$.

4.3.3.1   Analyse préliminaire qualitative

On peut, sans calcul, déterminer aisément l'état du circuit aux instants $t=0^+$ (juste après que la tension ait été établie) et $t\rightarrow+\infty$.

— **Instant initial:** la capacité est déchargée, la tension à ses bornes est nulle et elle se comporte comme un court-circuit (tension nulle, quelle que soit l'intensité). L'intensité initiale, est donc simplement:

$$i(0^+) = \frac{U}{R}.$$

— **Régime stationnaire:** $t\rightarrow+\infty$. Nous avons vu (Question 4–9) que le système tend vers un état stationnaire. Dans ces conditions, la capacité se comporte comme un circuit ouvert. On aura donc:

$$i(t\rightarrow+\infty)=0 \text{ et } u(t\rightarrow+\infty)=U.$$

4.3.3.2   Tension aux bornes du condensateur

Pour $t < 0$, il est évident que l'on a:

$$u(t)=0 \text{ pour } t < 0.$$

Pour $t > 0$, $u(t)$ vérifie:

$$\tau \frac{du}{dt} + u = U.$$

Toutes les solutions de cette équation sont de la forme:

$$u(t) = U + \alpha\exp\left(-\frac{t}{\tau}\right)$$

où α est une constante quelconque (dite **constante d'intégration**).

Question 4–11:

Vérifier ce résultat.

La valeur de α qui correspond à notre situation ne peut être déterminée que si l'on connaît u à un instant $t > 0$ donné. Nous avons besoin d'un argument supplémentaire pour cela. L'argument vient de la constatation physique, déjà mentionnée: la tension aux bornes d'un condensateur est une fonction continue du temps.

Bien que la tension délivrée par le condensateur soit discontinue en $t=0$, la tension aux bornes du condensateur doit être continue. Cela s'écrit à l'instant initial:

$$u(t=0^+)=u(t=0^-).$$

Mais pour $t < 0$, on a vu que $u(t)=0$, donc $u(t=0^-)=0$. On en déduit donc:

$$u(t=0^+)=0.$$

Or, d'après la forme de la solution:

$$u(t=0^+)=U+\alpha$$

donc $\alpha=-U$ et la solution est finalement:

$$u(t)=U(1-\exp(-t/\tau)) \text{ pour } t > 0.$$

Ce résultat est représenté graphiquement sur la **Figure 4–8**.

La tension aux bornes du condensateur ne suit pas instantanément les variations de la tension de la source: elle finit par tendre vers la tension de la source en régime permanent, mais cela prend du temps. La constante de temps τ donne justement l'ordre de grandeur du temps mis par la tension à atteindre sa valeur de régime permanent.

Pour $t=4\tau$, la tension est à 98 % de sa valeur stationnaire.

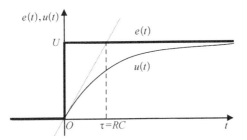

Figure 4–8   Charge d'un condensateur

Noter que la constante de temps τ peut être déterminée graphiquement à partir de la tangente à l'origine, comme indiqué sur la **Figure 4–8** (l'instant τ est l'instant où la tangente à l'origine de $u(t)$ intercepte l'asymptote horizontale).

La charge du condensateur évolue donc selon la loi:

$$q(t) = C \times u(t) = CU\left(1 - \exp\left(-\frac{t}{\tau}\right)\right).$$

4.3.3.3   Intensité du courant

L'intensité du courant est:

$$i(t) = C\frac{\mathrm{d}u}{\mathrm{d}t}.$$

On a donc:

$$i(t) = 0 \text{ pour } t < 0 \text{ et } i(t) = \frac{U}{R}\exp(-t/\tau) \text{ pour } t > 0.$$

On note le caractère *discontinu* de l'intensité en fonction du temps, ainsi que la valeur initiale de l'intensité en $t=0^+$, qui est identique à celle prévue par l'analyse qualitative $\left(i(0^+) = \dfrac{U}{R}\right)$ en 4.3.3.1.

L'intensité est représentée en fonction du temps sur la **Figure 4–9**.

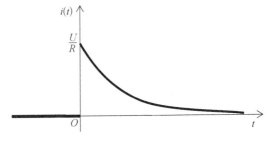

Figure 4–9   Intensité de charge

4.3.4   Aspect énergétique de la charge du condensateur

4.3.4.1   Énergie électrostatique du condensateur

La puissance instantanée reçue par le condensateur est:

$$p(t) = u(t) \times i(t) = C \times u(t) \times \frac{\mathrm{d}u}{\mathrm{d}t}(t).$$

On a donc:

$$p(t) = \frac{\mathrm{d}}{\mathrm{d}t}\left(\frac{1}{2}C \times u^2(t) \right).$$

On appelle ***énergie électrique stockée par le condensateur***, ou plus simplement ***énergie électrique du condensateur***, la quantité:

$$\boxed{ E_{él}(t) \overset{def}{=} \frac{1}{2}C \times u^2(t) }$$

qui est homogène à une énergie, et donc exprimée en joules (J). Nous allons justifier cette appellation.

Pendant un intervalle de temps très court dt, le condensateur reçoit une énergie:

$$\delta W = p \times \mathrm{d}t.$$

Lors de la charge du condensateur l'énergie électrique reçue par le condensateur entre l'instant initial et un instant donné t_0 est donc:

$$W = \int_{0}^{t_0} p\,\mathrm{d}t = E_{él}(t_0) - E_{él}(0) = E_{él}(t_0).$$

La quantité $E_{él}(t_0)$ est donc le travail total reçu par le condensateur entre l'instant initial et l'instant t_0, d'où son nom.

Au total, au cours de l'expérience, le condensateur aura reçu l'énergie:

$$\boxed{ W_C = E_{él}(t \rightarrow +\infty) = \frac{1}{2}CU^2 }.$$

Nous verrons dans le cours de deuxième année que cette énergie correspond à l'énergie électrostatique liée à la répartition des charges sur le condensateur.

Remarquons que l'énergie électrique stockée par le condensateur peut simplement s'exprimer en fonction de la charge de celui-ci, par la relation:

$$\boxed{ E_{él} = \frac{1}{2}\frac{q(t)^2}{C} }.$$

En ordre de grandeur, pour stocker 1 J dans une capacité de 1 µF, il faut une tension de l'ordre de 1, 4 kV.

4.3.4.2 Énergie fournie par générateur

La puissance instantanée fournie par le générateur est

$$p_g = U \times i(t).$$

Entre les instants $t=0$ et $t \rightarrow +\infty$, le générateur a donc fourni une énergie:

$$W_g = \int_0^{+\infty} UI \mathrm{d}t = U \times \int_0^{+\infty} I \mathrm{d}t = U \times C(u(+\infty) - u(O))$$

soit

$$\boxed{W_g = CU^2}.$$

Le générateur a fourni *deux fois plus d'énergie* que le condensateur n'en a reçu. La différence est liée à la perte d'énergie par effet Joule dans la résistance: nous le vérifions au paragraphe suivant.

4.3.4.3 Énergie dissipée par effet Joule

On sait que la puissance instantanée dissipée par effet Joule dans la résistance est:

$$p_J = R \times i^2(t).$$

L'énergie totale dissipée par effet Joule au cours de la charge est donc:

$$W_J = R \int_0^{+\infty} i^2 \mathrm{d}t = \frac{U^2}{R} \int_0^{+\infty} \exp(-2t/RC) \mathrm{d}t = \frac{CU^2}{2}.$$

L'énergie totale dissipée par effet Joule est donc:

$$W_J = \frac{1}{2} CU^2.$$

4.3.4.4 Bilan énergétique de la charge

Comme on pouvait s'y attendre, on a trouvé:

$$W_g = W_J + W_C.$$

L'énergie fournie par le générateur a été:
— soit dissipée par effet Joule,
— soit stockée dans le condensateur.
On note que l'on a exactement:

$$W_J = W_C.$$

La moitié de l'énergie fournie par le générateur seulement est stockée dans le condensateur. L'autre moitié est dissipée par effet Joule (en énergie interne de la résistance et en chaleur fournie à l'extérieur).

4.3.5   Régime libre — Décharge d'un condensateur

On considère maintenant que le générateur fournit la f.é.m.

$$e(t)=U \text{ pour } t < 0 \text{ et } e(t)=0 \text{ pour } t > 0,$$

autrement dit, que le générateur est *éteint* à l'instant t=0.

Quel que soit l'état du condensateur à $t \to ^{-}\infty$, il a fini par se charger sous la tension U et on aura:

$$u(t=0^-)=U.$$

4.3.5.1   Analyse préliminaire

À l'***instant initial*** t=0$^+$, on a maintenant une tension $u(0^+)$=U (continuité de la tension) aux bornes du condensateur. Comme la tension $e(0^+)$ est nulle, on doit avoir une tension $-U$ aux bornes de la résistance. On aura donc une intensité:

$$i(0^+) = -\frac{U}{R}.$$

En ***régime stationnaire*** ($t \to +\infty$), on aura une intensité nulle et donc également une tension nulle aux bornes de la capacité:

$$i(+\infty)=0 \text{ et } u(+\infty)=0.$$

4.3.5.2   Grandeurs électriques

Pour $t > 0$, u vérifie l'équation différentielle:

$$\tau \frac{du}{dt} + u = 0.$$

Les solutions de cette équation sont de la forme:

$$u(t)=\alpha \exp(-t/\tau), \, t > 0$$

où α est une constante d'intégration, à déterminer à partir des conditions initiales.

Nous savons que la tension aux bornes du condensateur est continue, donc:

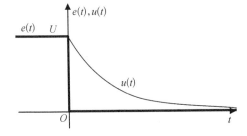

Figure 4–10   Décharge de condensateur

$$u(t=0^+)=u(t=0^-)=U.$$

Or $u(t=0^+)=\alpha$, donc $\alpha=U$ et:

$$\boxed{u(t)=U\exp(-t/\tau) \text{ pour } t > 0.}$$

L'intensité est alors:

$$i(t) = \frac{-U}{R}\exp(-t/\tau) \text{ pour } t > 0.$$

4.3.5.3 *Aspect énergétique*

On peut maintenant effectuer le bilan énergétique de la décharge comme au 4.3.4.

L'énergie totale dissipée par effet Joule au cours de la décharge du condensateur est:

$$W_J = \int_0^{+\infty} Ri^2\,\mathrm{d}t = \frac{U^2}{R}\int_0^{+\infty} \exp(-2t/RC)\,\mathrm{d}t = \frac{1}{2}CU^2.$$

Comme il n'y a pas d'autre source d'énergie dans le circuit, cette énergie est exactement égale à l'énergie fournie par le condensateur au cours de la décharge.

On constate que l'énergie totale dissipée par effet Joule dans la résistance est égale à l'énergie initiale qui était stockée dans le condensateur. Le condensateur restitue l'intégralité de l'énergie stockée initialement.

On peut considérer un condensateur comme un réservoir d'énergie électrique. On peut remplir ce réservoir au cours de la charge du condensateur, et le vider au cours de la décharge. Il faut noter malgré tout qu'au cours d'un processus charge-décharge, la moitié de l'énergie dépensée par le générateur pour charger le condensateur aura été perdue par effet Joule dans la résistance, durant la charge.

Question 4–12:

*Pourquoi ne peut-on pas en pratique utiliser un condensateur pour stocker de l'énergie électrique durant plusieurs heures? Pour répondre, utiliser les ordres de grandeur déjà mentionnés dans ce chapitre.

4.4   Circuit *RL* série

4.4.1   Équation différentielle caractéristique

Dans toute cette partie, on s'intéresse au montage de la **Figure 4–11**. La tension u aux bornes de la bobine idéale vérifie:

$$u = L\frac{\mathrm{d}i}{\mathrm{d}t}.$$

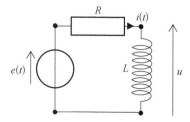

Figure 4–11   Circuit *RL*

La tension aux bornes de la résistance s'écrit:

$$u_R = Ri(t).$$

En utilisant la loi des mailles on montre aisément que l'intensité dans le montage vérifie l'équation:

$$\frac{L}{R}\frac{di}{dt} + i(t) = \frac{e(t)}{R}.$$

On peut exprimer cette équation en fonction de la tension u_R aux bornes de la résistance:

$$\boxed{\frac{L}{R}\frac{du_R}{dt} + u_R(t) = e(t)}.$$

Cette équation fait apparaître la constante de temps caractéristique:

$$\boxed{\tau \overset{def}{=} \frac{L}{R}}.$$

Finalement, nous remarquons que u_R vérifie l'équation:

$$\boxed{\tau\frac{du_R}{dt} + u_R(t) = e(t)}$$

c'est-à-dire exactement la même équation que celle que nous avons rencontrée plus haut pour la tension aux bornes de la capacité pour un circuit *RC*. L'analyse mathématique sera donc la même que la précédente. En particulier, l'analyse de stabilité est la même: le circuit *RL* est un système stable du premier ordre.

4.4.2   Établissement du courant

Le générateur délivre une tension indicielle telle que

$$e(t)=0 \text{ pour } t < 0 \text{ et } e(t)=U \text{ pour } t > 0.$$

Nous rappelons également que l'intensité qui traverse une bobine est une fonction continue du temps. Il en va donc de même pour $u_R(t)$.

Pour $t < 0,$ on aura évidemment $u_R(t)=0$ et $i(t)=0.$

4.4.2.1 Analyse préliminaire qualitative

Étudions la situation pour $t > 0.$

À l'**instant initial**, la continuité de l'intensité dans la bobine s'écrit:

$$i(0^+)=i(0^-)=0.$$

Par conséquent, $u_R(0^+)=0$ et $u(0^+)=e(0^+)=U.$ La tension imposée par le générateur se retrouve intégralement aux bornes de la bobine.

En **régime stationnaire** $(t{\to}+\infty),$ on aura une tension nulle $[u(t{\to}+\infty)=0]$ aux bornes de l'inductance (puisque $i(t)$ se stabilise à une valeur constante) et donc une intensité limite:

$$i_\ell = i(t \rightarrow + \infty) = \frac{U}{R}.$$

4.4.2.2 Intensité dans le circuit

Les résultats obtenus pour la charge d'un condensateur sont transposables directement. On obtient:

$$i(t)=0 \text{ pour } t < 0$$

et
$$\boxed{i(t) = \frac{U}{R} \times (1 - \exp(-t/\tau)) \text{ pour } t > 0}.$$

Question 4–13:

Démontrer ces résultats.

Les variations de $u_R=Ri$ sont représentées sur la **Figure 4–12**.

L'établissement du courant dans le circuit n'est pas instantané après que l'on a allumé le générateur. Il s'établit avec un certain retard, de l'ordre de τ (au bout de 4τ, on a atteint 98 % de la valeur limite de l'intensité).

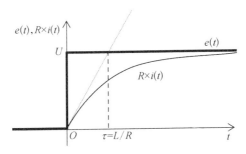

Figure 4–12 Établissement du courant dans une inductance

Le temps τ est le temps caractéristique d'établissement du régime permanent dans le circuit.

On peut considérer que la bobine s'oppose aux variations de courant: lorsque l'intensité tend à augmenter, la tension aux bornes de l'induction augmente, ce qui tend à limiter l'augmentation de l'intensité.

4.4.2.3   Tension aux bornes de l'inductance

On a simplement $u = L\dfrac{di}{dt}$ soit:

$$u(t)=0 \text{ pour } t < 0 \text{ et}$$

$$u(t)=U\exp(-t/\tau) \text{ pour } t > 0.$$

On note que cette tension est une *fonction discontinue* du temps en $t=0$.

4.4.3   Aspect énergétique

4.4.3.1   Énergie magnétique stockée par la bobine

On appelle ***énergie magnétique*** stockée par la bobine la quantité:

$$\boxed{E_{mag} \overset{def}{=} \frac{1}{2}Li(t)^2}\,.$$

Nous avons déjà vu plus haut en 4.1.5.3 que la puissance instantanée reçue par la bobine s'écrit:

$$p(t) = \frac{d}{dt}\left(\frac{1}{2}Li^2(t)\right) = \frac{d}{dt}(E_{mag}(t))\,.$$

Entre l'instant initial et un instant t_0 donné, la bobine reçoit l'énergie:

$$W_L = \int_0^{t_0} p\,dt = E_{mag}(t_0)\,.$$

L'énergie magnétique $E_{mag}(t_0)$ de la bobine est donc égale à l'énergie qu'on a fourni à la bobine pour qu'elle soit parcourue une intensité $i(t_0)$.

À la fin de l'expérience, la bobine aura stocké l'énergie:

$$E_{mag}(t \rightarrow +\infty) = \frac{1}{2}Li_\ell^2\,.$$

4.4.3.2   Bilan énergétique

Le générateur dans ce système fournit une puissance instantanée:

$$p_g = U \times i = \frac{U^2}{R} \times (1 - \exp(-t/\tau))\,.$$

En régime permanent (quand $t \gg \tau$), la puissance fournie par le générateur est:

$$p_g = \frac{U^2}{R}$$

qui correspond à la puissance dissipée par effet Joule dans la résistance.

Contrairement au cas de la charge d'une condensateur, le générateur continue à fournir de la puissance en régime permanent.

4.4.4   Régime libre — Mise en court-circuit

Nous étudions dans ce paragraphe la situation inverse de la précédente.

On considère maintenant que le générateur fournit la f.é.m.:

$$e(t)=U \text{ pour } t < 0 \text{ et } e(t)=0 \text{ pour } t > 0.$$

Le générateur est *éteint* à l'instant $t=0$. Nous aurons alors nécessairement:

$$u(0^-) = 0 \text{ et } i(0^-) = \frac{U}{R}$$

car le système aura eu le temps de se trouver en régime permanent, la tension U étant établie depuis $t \rightarrow -\infty$.

4.4.4.1   Analyse préliminaire qualitative

À l'**instant initial**, $i(0^+) = \frac{U}{R}$ (intensité continue dans une inductance). Par conséquent, la tension aux bornes de la résistance est U et la tension aux bornes de l'inductance est nécessairement $-U$:

$$u(t=0^+)=-U.$$

En **régime stationnaire** ($t \rightarrow +\infty$), on aura une tension nulle $[u(t \rightarrow +\infty)=0]$ aux bornes de l'inductance (puisque $i(t)$ se stabilise à une valeur constante). La différence de potentiel aux bornes de la résistance est donc nulle et on aura:

$$i(t \rightarrow +\infty)=0.$$

4.4.4.2   Grandeurs électriques

L'équation différentielle caractéristique admet maintenant pour solution:

$$i(t) = \frac{U}{R} \text{ pour } t < 0 \text{ et } i(t) = \frac{U}{R}\exp(-t/\tau) \text{ pour } t > 0.$$

Question 4–14:

Démontrer ces résultats.

La tension aux bornes de l'inductance est:

$$u(t)=0 \text{ pour } t \leq 0 \text{ et } u(t)=-U\exp(-t/\tau) \text{ pour } t > 0.$$

Cette tension est discontinue au cours du temps. Les solutions sont compatibles avec l'analyse préliminaire.

> L'intensité tend vers 0 en un temps de l'ordre de quelques τ.

On retrouve le fait que la bobine tend à s'opposer aux variations de courant dans le circuit. Lorsque l'intensité diminue, la tension aux bornes de l'inductance est négative ce qui tend à limiter la diminution d'intensité. Nous retenons cette propriété, déjà rencontrée plus haut.

> Une bobine d'induction tend à s'opposer aux variations de l'intensité du courant qui la traverse.

Nous verrons qu'il s'agit en réalité d'une facette d'une propriété très générale des phénomènes d'induction, désignée sous le nom de *loi de Lenz*.

4.4.4.3   *Aspect énergétique*

Au cours de l'expérience, l'énergie reçue par l'inductance est (même calcul que précédemment):

$$W_L = -\frac{1}{2}L \times \left(\frac{U}{R}\right)^2.$$

L'énergie totale dissipée par effet Joule dans la résistance est:

$$W_J = \int_0^{+\infty} Ri^2\,\mathrm{d}t = \frac{U^2}{R}\int_0^{+\infty} \exp(-2t/\tau)\,\mathrm{d}t = \frac{1}{2}L \times \left(\frac{U}{R}\right)^2 = -W_L.$$

Ce résultat s'interprète en considérant que l'inductance stockait au début de l'expérience une énergie $\frac{1}{2}L\left(\frac{U}{R}\right)^2$ et que cette énergie a été dissipée totalement dans la résistance.

4.4.5   Exemple d'utilisation: surtension de rupture

4.4.5.1   *Position du problème*

Considérons le dispositif suivant (voir **Figure 4–13**), dans lequel K est un interrupteur à bascule, qui se trouve dans la position 1 depuis très longtemps, de sorte que le régime stationnaire est établi.

À l'instant $t=0$, on bascule instantanément l'interrupteur K dans la position 2. Il s'agit de calculer la tension aux bornes de la bobine à l'instant $t=0^+$. Nous allons voir qu'elle peut prendre des valeurs très grandes.

4.4.5.2 Surtension de rupture

Le système se trouvant depuis longtemps dans la position 1, on peut considérer que le régime stationnaire est établi et que la bobine est parcourue par une intensité:

$$i(0^-) = \frac{U}{R_1}.$$

L'intensité dans la bobine est continue, elle vaut donc, juste après le basculement:

$$i(0^+) = \frac{U}{R_1}.$$

La tension aux bornes de la résistance R_2 est alors:

$$u_{R_2} = -R_2 i = -\frac{R_2}{R_1}U.$$

Or si K est dans la position 2, la tension aux bornes de R_2 est égale à la tension aux bornes de L:

$$\boxed{u(0^+) = -U\frac{R_2}{R_1}}.$$

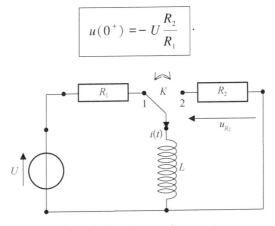

Figure 4–13   Rupture de courant

Question 4–15:

Déterminer la tension $u(t)$ pour $t > 0$.

Si $R_2 \gg R_1$, on peut avoir l'apparition d'une tension très élevée aux bornes de la bobine, dite *surtension de rupture*.

Un cas particulier important est celui où $R_2 \to +\infty$: dans ce cas la tension devrait devenir infinie, ce qui est bien sûr impossible. En réalité, la tension devient très importante, ce qui crée un champ électrique très intense dans l'air: ce champ est alors capable d'ioniser l'air par phénomène d'avalanche: l'air devient conducteur, la résistance R_2 devient petite, ce qui limite la surtension. Ce phénomène est appelé *étincelle de rupture*. Il est utilisé dans le dispositif d'allumage de certains moteurs (anciens).

Exercices 4

Exercice 4–1: Établissement et rupture d'un courant
Dans le montage ci-dessous, on ferme l'interrupteur K à l'instant $t=0$.

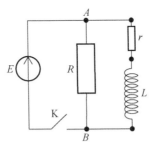

Figure de l'Exercice 4–1

1. Déterminer les courants dans la résistance $i_1(t)$ et dans la bobine $i_2(t)$ en fonction du temps.
2. Au bout d'un temps très long, on ouvre l'interrupteur K. Calculer ensuite le courant circulant dans la bobine ainsi que la tension $u_{AB}(t)=V_A-V_B$.

Exercice 4–2: Réponse à un échelon de courant
On considère les montages suivants dans lesquels le générateur délivre un échelon de courant:

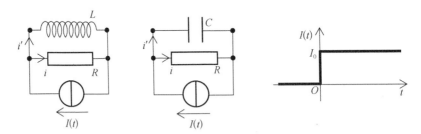

Figure de l'Exercice 4–2

1. Exprimer, dans les deux montages les courants i et i' en fonction du temps, dans les domaines $t < 0$ et $t > 0$.

Exercice 4–3: Conditions initiales et finales
On considère le circuit électrique suivant. Le condensateur est déchargé. À partir de $t=0$ on impose une tension E.

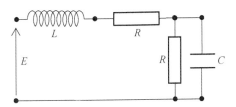

Figure de l'Exercice 4–3

1. Déterminer les intensités à $t=0^+$ dans les différentes branches du circuit.
2. Calculer les intensités à $t \to +\infty$ dans les différentes branches du circuit.

Exercice 4–4: Charge d'un condensateur

On considère le circuit suivant. Le condensateur de capacité C étant déchargé, on abaisse l'interrupteur K à l'instant $t=0$.

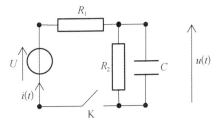

Figure de l'Exercice 4–4

1. Établir l'équation différentielle vérifiée par la fonction $u(t)$. On donnera deux méthodes de résolution. Quel est le temps caractéristique?
2. Déterminer $u(t)$ et $i(t)$.

Exercice 4–5: Circuit RC alimenté par une alimentation stabilisée

On considère une alimentation stabilisée (AS) dont on donne ci-dessous la caractéristique avec $I_0=200$ mA et $U_0=5$ V. On branche un circuit RC série aux bornes de l'AS avec $R=10\ \Omega$ et $C=100\ \mu$F. La capacité est initialement déchargée; le circuit est fermé à l'instant $t=0$.

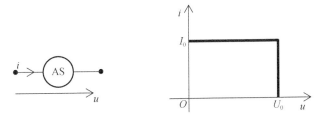

Figure de l'Exercice 4–5

1. Montrer que dans une première phase qui débute à l'instant $t=0^+$, l' AS se comporte comme un générateur de courant. Déterminer $i(t)$, $u(t)$ et la tension $u_C(t)$

aux bornes du condensateur.

Quelle est la durée t_1 de cette première phase? Faire l'application numérique.

2. Que se passe-t-il pour $t > t_1$? Représenter graphiquement $i(t)$, $u(t)$ et $u_C(t)$ pour tout instant $0 < t < 10 \times RC$.

Exercice 4–6: Conditions initiales

On considère les circuits suivants. Initialement les condensateurs sont déchargés. À t=0, on ferme l'interrupteur K.

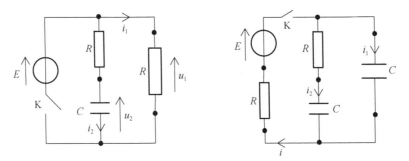

Figure de l'Exercice 4–6

1. Déterminer chaque intensité et chaque tension représentées sur la figure à l'instant t=0$^+$.
2. Déterminer les mêmes grandeurs en régime permanent établi.

Exercice 4–7: Association de condensateurs chargés

Le circuit ouvert de la figure (a) ci-dessous comprend deux condensateurs de capacités respectives C_1 et C_2. Le premier condensateur porte initialement une charge q_{10}. Le second n'est pas chargé.

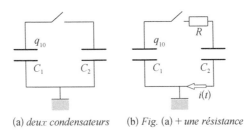

(a) *deux condensateurs*   (b) *Fig.* (a) + *une résistance*

Figure de l'Exercice 4–7

1. Quelle est l'expression de l'énergie électrique E_i emmagasinée dans ce circuit?
2. On ferme l'interrupteur. Quelle est la tension U_f d'équilibre des condensateurs?
3. Quelle est l'énergie E_f emmagasinée maintenant dans le circuit? Exprimer E_f-E_i en fonction de q_{10} et des capacités.
4. Une interprétation de cette perte d'énergie est que la résistance du circuit n'est pas nulle. C'est ce que montre la figure b. La tension U_f et l'énergie E_f sont-elles

changées, du fait de l'introduction de la résistance R ?

5. Quelle est l'équation différentielle suivie par la charge q_1 pendant la décharge du condensateur? En déduire l'expression du courant $i(t)$ circulant dans le circuit puis celle de l'énergie Q dissipée dans la résistance. Cette énergie dépend-elle de R?

Exercice 4–8: Régime transitoire dans un circuit à condensateurs

À l'instant initial, les trois condensateurs (identiques, de capacité C) sont déchargés dans le circuit ci-dessous. On branche alors aux bornes du système (entre A et B) un générateur de tension, de force électromotrice E et de résistance interne R.

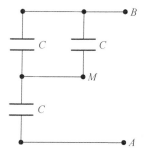

Figure de l'Exercice 4–8

1. Déterminer, au cours du temps, les charges acquises par tous les condensateurs. On pourra poser $\tau=RC$.
2. Une fois l'état d'équilibre atteint, c'est-à-dire lorsque $u_{AB}=E$, on branche entre M et A un quatrième condensateur identique aux trois précédents, qui a lui-même été préalablement chargé sous la tension E, et on enlève le générateur. Étudier l'évolution ultérieure du système.
3. Faire un bilan énergétique détaillé du branchement du quatrième condensateur et de son retour à l'équilibre.

Exercice 4–9: Circuit RC soumis à une tension périodique

Un circuit comprenant une capacité C et une résistance R en série est alimenté par un générateur de signaux carrés de période T, mis en marche à $t=0$. Initialement, le condensateur est déchargé. On note $u_C(t)$ la tension aux bornes du condensateur.

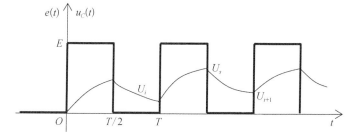

Figure de l'Exercice 4–9

1. Les valeurs minimales successives de $u_c(t)$ sont notées U_i et les valeurs maximales U_s (voir figure). Démontrer la relation: $U_{i+1}=E \times \alpha \times (1-\alpha)+\alpha^2 U_i$, avec $\alpha=\exp\left(-\dfrac{T}{2RC}\right)$.

2. En déduire la valeur de U_i en régime périodique établi. Discuter les résultats en fonction du rapport $\dfrac{T}{RC}$.

GLOSSAIRE

accumulateur	蓄电池
additive	可加性
agitation	扰动
algébrique	代数的
alimentations	电源
ambigüité	模糊的
ampèremètre	电流表，安培计
annihilation	湮灭
approximation	近似
armature	电枢
associés en parallèle	并联
associés en série	串联
basculement	触发
batterie tampon	缓冲电池
bistable	双稳态的
bobine d'induction	感应线圈
capacité	电容
caractéristiques courant-tension	伏安特性
charge	负载，电荷
chute de potentiel	压降
circuit multistable	多稳态电路
circuit ouvert	开路
composants réels	真实电路元件
condensateur	电容器
conductance	电导
conducteur	导体
contribuer	贡献
coulomb (C)	库仑
courant	电流
court-circuit	短路
création	产生
curseur	游标
dans les circuits	在电路中
dérive	漂移
différence de potentiel	势差
diode	二极管
diode Zener	齐纳二极管

dipôle	偶极子（电阻、电容、电机）
droite de charge	负载线
éclair	闪电
effet Joule	焦耳效应
électromagnétisme	电磁学
électron	电子
en toute rigueur	严格地
équiprobable	等概率的
équivalence Thévenin/Norton	戴维南－诺顿等效
excitation	激励
expérimentalement	经过实验
extérieur	外部
farad (F)	法拉
force électromotrice	电动力
générateur	发生器
glissière	滑轨
henry (H)	亨利
homocinétique	同速的
hystérésis	滞后
inévitable	不可避免的
installation domestique	家用设备
instant initial	初始瞬间
intensité instantanée	瞬时电流
intersection	交点
intervalle	区间
inverse	倒数
isolant	绝缘的
itératif	迭代的
ligne à haute tension	高压电线
logarithmique	对数的
loi des mailles	基尔霍夫电压定律
loi des nœuds	节点定理
lois de Kirchhoff	基尔霍夫定律
masse	地线
mis à la terre	接地
mystère	谜团
non évident	非显性，隐性的
ordre de grandeur	数量级
par unité de volume	单位体积的
particulariser	突出
pathologique	病态的
perpendiculairement	垂直地
photovoltaïque	光电池
point de fonctionnement	运行点
pont de Wheatstone	惠斯通电桥

pont diviseur	分……电路
potentiel électrique	电势
potentiomètre	电位计
progressivement	逐渐地
proton	质子
raffiné	精细的
récepteur	接收器
réelle	实数的
régime permanent	稳态的
régime quasi permanent	准稳态
régime quasi stationnaire	准静态
réponse indicielle	指数响应
résistance de fuite	漏电电阻
résistance électrique	电阻
résistivité	电阻率
restrictif	限制的
section	横截面
solution analytique	解析解
source de courant parfaite	理想电流源
source réelle	真实（电）源
stable	稳定的
supraconducteur	超导体
surface fermée	闭合曲面
susceptible	易于……的
théorème de Millman	弥尔曼定理
théorème de Norton	诺顿定理（诺顿等效电路）
théorème de superposition	叠加定理
théorème de Thévenin	戴维南定理（戴维南等效电路）
thermistance	热敏电阻
trivial	平凡（所有变量等于零）
unidimensionnel	线性的
vecteur unitaire	单位向量
volume intérieur	内部体积

INDEX